配网不停电作业标准技能图册

（第二类作业）

国网宁夏电力有限公司中卫供电公司　编

中国电力出版社
CHINA ELECTRIC POWER PRESS

图书在版编目（CIP）数据

配网不停电作业标准技能图册. 第二类作业 / 国网宁夏电力有限公司中卫供电公司编.
—北京：中国电力出版社，2022.7
ISBN 978-7-5198-6554-2

Ⅰ . ①配… Ⅱ . ①国… Ⅲ . ①配电系统–带电作业–图集 Ⅳ . ①TM727-64

中国版本图书馆 CIP 数据核字（2022）第 035130 号

出版发行：中国电力出版社
地　　址：北京市东城区北京站西街 19 号（邮政编码 100005）
网　　址：http://www.cepp.sgcc.com.cn
责任编辑：雍志娟
责任校对：黄　蓓　王海南
装帧设计：张俊霞
责任印制：石　雷

印　　刷：三河市万龙印装有限公司
版　　次：2022 年 7 月第一版
印　　次：2022 年 7 月北京第一次印刷
开　　本：710 毫米×1000 毫米　16 开本
印　　张：19.25
字　　数：210 千字
印　　数：0001—1000 册
定　　价：100.00 元

编 委 会

前言
PREFACE

　　随着我国经济的快速发展，人民生活水平日益提高，用电需求和用电质量不断提升，配网不停电作业因其"零停电、零感知"的独特优势应运而生。近年来，《优化营商环境条例》的出台，代表着国家对持续优化营商环境、激发市场活力、提升人民群众生活幸福感的决心。为持续提升"获得电力"水平，国家电网公司大力发展配网不停电作业专业技能，并逐步探索，将专业化发展与市场化发展相互融合，不断扩大配网不停电作业在配电网领域的作用，解决了人民用电"最后一公里"的难题。

　　习近平总书记指出"安全生产事关人民福祉，事关经济社会发展大局"。然而，配网不停电作业的作业方式与常规停电作业方式不同，需要作业人员处于带电环境下开展工作，具有较高的危险性。纵观国内外，配网不停电作业也时有人身安全事故发生。因此，筑牢安全防线是配网不停电作业专业持续发展的基石。

　　2019 年，国网宁夏电力有限公司中卫供电公司（以下简称"国网中卫供电公司"）根据国家电网公司《10kV 配网不停电作业规范》制定了《标准化作业指导书》及《标准化作业规范》。2020 年，随着"中心化"管理模式的建立以及市场化的应用，国网中卫供电公司作业规模不断攀升，中卫市户均停电时间压缩 53.47%，但人员作业不规范、违章等情况仍是目前亟待解决的问题。2021 年，为规范作业人员行为习惯、消除安全隐患，国网中卫供电公司结合现场工作实际，会同国网宁夏电力有限公司设备部完成了配网不停电作业标准技能图册系列丛书的编制。希望本丛书的出版和应用，能够进一步提升配网不停电作业的规范性和安全性，为建设世界领先的一流配电网奠定坚实基础。

本书为《配网不停电作业标准技能图册（第二类作业）》，共2章，分别为作业前准备和作业过程。第一章详细阐述了作业前准备的七个部分；第二章分为10节，分别对普通消缺及装拆附件、带电辅助加装或拆除绝缘遮蔽、带电断引流线、带电接引流线、带电更换避雷器、带电更换熔断器、带电更换直线杆绝缘子、带电更换直线杆绝缘子及横担、带电更换耐张杆绝缘子串、带电更换柱上开关或隔离开关10个作业项目的操作步骤进行讲解。本书采用大量图片形式表现，并辅以文字说明，图文并茂地对配网不停电作业的关键点及步骤进行了详细描述。

由于编者学识、经验有限，文中难免存在不妥之处，恳请各位专家学者批评指正！

编　者

2022 年 7 月

目 录
CONTENTS

前言

第一章

作业前准备

作业前准备是工作前的必要条件，直接决定了工作人员的人身安全以及电网设施的运行安全，能够降低作业风险，消除工作中的安全隐患，确保现场工作安全、有序开展。作业前准备主要包含现场勘察、工作票办理、工作前准备、工作票许可、班前会、工器具准备及检查、车辆准备等环节。

第一节　现　场　勘　察

现场勘察分为现场初勘及复勘，应由工作票签发人或工作负责人组织，工作负责人、设备运维管理单位（用户单位）和检修（施工）单位相关人员参加。对涉及多专业、多部门、多单位的作业项目，应由项目主管部门、单位组织相关人员共同参与。

一、现场初勘

现场初勘是对配网不停电作业是否具备作业条件的现场确认，包括作业方法选择、作业点现场检查、作业点周围环境勘察、危险点分析、作业点应采取的安全措施等五个方面的内容。

（1）作业方法选择。作业方法的选择应根据道路通行条件优先选择绝缘手套作业法，绝缘杆作业法次之。勘察完成后，需将车辆通行情况及作业方法记录在现场勘察记录中。

1）路径符合绝缘斗臂车通行条件时。在作业前需根据作业车辆选择适宜的行车路径，满足绝缘斗臂车通行条件时，应优先选择绝缘手套作业法。

行车路径的选择需考虑以下状况：

A. 车辆行驶路径应综合考虑车辆转弯半径、道路坡度、路面（桥梁）的承载能力，车辆通行的限高、限宽、限重应遵循车辆行驶证上的最大限度，以避免车辆发生碰撞或倾覆，保证车辆安全行驶；

B. 若无法确认绝缘斗臂车是否正常通行，可将绝缘斗臂车驾驶至现场参与勘察。

2）路径无法满足绝缘斗臂车通行条件时。作业单位应尽量创造车辆通行条件，当勘察结果确认绝缘斗臂车无法到达作业地点时，选择绝缘杆作业法。

（2）作业点现场检查。作业点现场检查主要包括电气接线形式的检查和作业方式的检查，检查结束后需将检查结果记录在现场勘察记录中。

1）检查电气接线形式。

A. 检查架空配电线路杆型。架空配电线路杆型主要分为直线杆型（包含直线、耐张、终端三种类型）和转角杆型（包含转角耐张一种类型），见图1-1、图1-2。

B. 电源及负荷情况。明确作业点的电源方向及供电情况，了解作业点后段负荷特性、停用情况，排除影响作业安全的危险点，必要时将负荷转为冷备状态。

C. 电气设备接线情况。检查时应先确认杆上有无控制设备，如跌落式熔断器、隔离刀闸、柱上开关等。结合电源（负荷）方向，确认作业点的接线方式和安全距离是否适合开展作业，见图1-3。

图1-1　直线杆型（上层导线）

图1-2　转角杆型

图1-3　电气设备接线情况检查

2）确认作业方式。根据作业点的电气接线方式和安全距离，在确认采取绝缘手套、绝缘杆作业法或综合不停电作业法的基础上，确定具体的作业方式，如：旁路作业方式、临时转供方式或负荷停用方式等。

（3）作业点周围环境勘察。配网不停电作业危险系数大，故对作业点周边环境的要求也极为严格。在对作业点周围环境勘察完成后，需将勘察结果记录在现场勘察记录中。

在作业前进行环境勘察，主要包括以下四种情况：

1）地下环境。检查预定的车辆展放位置、电气接地位置的地下管线情况，确认车辆自重与接地电流不会对作业点及周边路面、设施、地下管线等造成破坏或其他不良影响，避免发生安全事故（事件）。

确认地面环境适宜后，方可进行车辆电气接地。

A. 车辆展放。应仔细勘察车辆展放位置下方是否存在地下管线、沟渠、井、窖等，以防路面发生塌陷，导致车辆倾覆造成人员伤亡。

B. 车辆接地。勘察时应探明地下线缆、管道的走径，在设置车辆接地体时避开其走径并满足与地下管线相对位置距离要求，防止接地体刺穿线缆，造成人员伤亡，导致相关设备损坏。

2）地上环境。地上环境主要包括作业范围内树木、路灯、绿化带、交通环境、通信线缆、临近线路、交叉跨越以及同杆架设的其他线路或设备等，作业时在车体旋转半径范围内应注意避让。

3）杆身。杆身情况是决定作业人员能否登杆作业的必要条件。杆身及基础情况应满足《配电网运行规程》（Q/GDW 519—2010）要求，不满足时不得登杆作业，见图1-4。

4）作业点地形。作业点地形重点勘察坡度和地质情况。

A. 坡度。作业时地面坡度最大不能大于5°，一般应控制在0～3°范

图1-4 杆身不适宜登杆作业

围内❶。

B. 地质。作业点地质一般分为软质地面与硬质地面。根据作业点地质软硬程度选择不同形式的作业车辆,在软质地面作业时宜选择履带式绝缘斗臂车,在硬质地面作业时宜选择轮式绝缘斗臂车。当地质较软时,需铺放石子或采取其他特殊方式增加地面硬度,以满足车辆展放需要,见图1-5、图1-6。

图1-5 履带式绝缘斗臂车

图1-6 轮式绝缘斗臂车

---

❶ 参考国内绝缘斗臂车各制造厂商给定的限值。

5）车辆展放位置。根据作业点地形选择合适的车辆展放位置，尽量避免展放在有坍塌风险的位置上，以确保作业安全。若车辆展放位置处于桥梁，应考虑桥梁承重情况是否满足安全条件。预定的车辆展放位置应视交通情况设置路障及交通标识，必要时对道路采取封闭措施。

（4）危险点分析。

1）触电伤害，见图1-7。造成触电伤害的因素如下：

A. 安全工器具未按规定检测及试验。

a. 每次工作前未使用绝缘测试仪对绝缘工器具进行检测；

b. 作业前未对承力工器具进行检测；

c. 未定期对安全工器具进行试验。

B. 作业时使用不合格的工器具。

C. 监护人未正确履行安全职责。

a. 监护人监护不到位或兼做其他工作；

b. 监护的范围超过一个作业点。

D. 作业顺序有误，未按照"从高到低、从上到下、由远及近"的顺序进行。

E. 人体串入电路。

F. 人体与带电体未保持最小安全距离（参考《电力安全工作规程》）。

G. 作业人员未按规定穿戴好专业防护用具。

H. 绝缘斗臂车未定期进行电气试验、未及时修复绝缘损伤部位。

I. 作业时绝缘臂的有效绝缘长度不足（10kV 时不足 1m，20kV时不足 1.2m）。

J. 带电线路碰触绝缘斗臂车金属外壳。

K. 倒杆、断线。

图 1-7 触电伤害

2）高空坠物，见图 1-8。造成高空坠物的因素如下：

A. 上下传递工具、材料未使用绝缘绳，而采用抛掷的行为。

B. 工作人员站在作业点的垂直下方。

C. 作业现场有无关人员通过或逗留。

D. 工作完毕后未检查杆上有无遗留工具、材料等。

图 1-8 高空坠物

3）高处坠落，见图1-9。造成高处坠落的因素如下：

A. 绝缘斗臂车在使用中倾覆，如绝缘斗臂车未支在坚实平坦的地面上、将支腿置于沟槽边缘、未使用专用支腿垫板。

B. 安全带未系在牢固的构件上或严重磨损发生断裂。

C. 作业过程中斗内人员将身体探出绝缘斗外，俯身作业。

D. 登高工具未进行定期试验、使用前的检测。

E. 倒杆、断线。

图1-9　高处坠落

4）机械伤害，造成机械伤害的因素如下：

A. 工作人员未正确佩戴安全帽或使用未经试验检测合格的安全帽。

B. 倒杆、断线，见图1-10。

C. 未正确使用硬质工器具或操作时幅度过大。

D. 操作绝缘斗臂车时，未有效避让障碍物及人员。

图 1-10 倒杆、断线

5）交通事故，见图 1-11。造成交通事故的因素如下：

A. 未有效设置交通疏导标识。

B. 不满足行人及车辆通行条件时，未封闭道路并派人看守。

C. 作业车辆驾驶员未按交通规则文明驾驶。

D. 绝缘臂回转操作中伸出安全围栏时，未采取限行、限高措施。

图 1-11 交通事故

（5）作业点应采取的安全预控措施。根据现场勘察情况，针对作业危险点采取以下五种安全预控措施，但并不限定于以下内容：

1）触电伤害的预控措施。

A. 在作业前停用影响作业安全的负荷。

B. 停用线路重合闸。

C. 执行双重许可制度。

D. 作业过程中如线路突然停电，应立即采取措施撤离作业点并向值班调控人员汇报。

E. 按规定对安全工器具进行检测及试验，不使用不合格的安全工器具。

F. 作业点超过一个的应增设监护人，监护人应具有一定工作经验。

G. 作业应按照"从高到低、从上到下、由远及近"的顺序进行。

H. 作业人员应采取有效绝缘遮蔽措施，避免同时接触不同电位的物体。

I. 人体与带电体保持足够安全距离（参考《电力安全工作规程》）。

J. 作业人员按规定穿戴好专业防护用具。

K. 定期对绝缘斗臂车进行电气试验、及时修复绝缘损伤部位。

L. 作业时绝缘臂伸出足够的绝缘长度（10kV 时不小于 1m，20kV 时不小于 1.2m）。

M. 作业人员操作绝缘斗臂车时应注意带电体与绝缘斗臂车金属部分的相对距离并保持足够的安全距离。

N. 作业前应充分勘察杆身及基础条件，对存在倒杆、断线风险的应采取培土加固、外力牵引等稳固措施。

2）高空坠物的预控措施。

A. 上下传递工具、材料应使用绝缘绳索，禁止采用抛掷的行为。

B. 除有关人员外，作业点下方不得有其他人员通行或逗留（错误示范见图 1-12）。

图 1-12　无关人员在作业点下方逗留

C. 作业范围内设置工作围栏，禁止无关人员通过或逗留。

D. 工作完毕后检查杆上有无遗留工具、材料等。

3）高处坠落的预控措施。

A. 绝缘斗臂车使用专用支腿垫板，支在坚实平坦的地面上，不将支腿置于沟槽边缘。

B. 作业过程中斗内人员始终保持身体重心在绝缘斗内，不俯身作业。

C. 定期对登高工具进行试验，使用前进行检测。

D. 作业前充分勘察杆身及基础条件，对存在倒杆、断线风险的应采取培土加固、外力牵引等稳固措施。

E. 登高前把安全带系在牢固的构件上，见图 1-13。

4）机械伤害的预控措施。

A. 工作人员应正确佩戴安全帽，安全帽需经试验检测合格后方可使用。

B. 对于硬质工器具要注意正确使用，避免操作时幅度过大。

C. 操作绝缘斗臂车时，应注意避让障碍物及人员。

图 1-13 安全带正确挂接

D. 作业前充分勘察杆身及基础条件，对存在倒杆、断线风险的应采取培土加固、外力牵引等稳固措施，如使用吊车进行固定，见图 1-14。

图 1-14 吊车固定

5）交通事故的预控措施。

A. 有效设置交通疏导标识，见图 1-15。

图1-15　"前方施工，减速慢行"标示牌

B. 在不满足行人及车辆通行条件的情况下，对道路进行封闭并派人看守。

C. 作业车辆驾驶员需遵守交通规则文明驾驶。

D. 绝缘臂回转操作中伸出安全围栏时，应采取限行、限高措施。

E. 在作业前进行临时交通管制，疏散人流车流，营造安全的作业环境，见图1-16。

图1-16　交通管制

（6）初勘结论。完成初勘后，对以上作业方法选择、作业点现场检查、作业点周围环境勘察、危险点分析、作业点预控措施等五个方面进行判断、分析，给出结论。若初勘结论为符合作业条件，将勘察内容作为作业指导书、工作票编制依据并在现场勘察记录中绘制现场平面图；若初勘结论不符合作业条件，应向需求单位反馈无法作业的原因及结果。

二、现场复勘

现场复勘是对作业条件的再次确认，应根据实际情况开展不少于一次的现场复勘，必要时需进行多次复勘。在工作当日或工作许可之前必须保证至少一次复勘，并检测气候情况是否满足作业条件。在复勘结束之后，将复勘结果填写至现场勘察记录中。

第二节 工 作 票 办 理

作业前，根据以上勘察内容办理"配电带电作业工作票"。工作票票面应根据《国家电网公司电力安全工作规程（配电部分）》《操作票、工作票管理规定（配电部分）》及其他相关管理规定填写。

本部分仅对"配电带电作业工作票"填写中的相关注意事项加以说明，如下：

（1）工作负责人在工作中有监护职责，当作业点不超过一个时可不设置专责监护人，复杂或高杆塔作业，必要时可增设专责监护人。

（2）计划工作时间应为检修计划批复的时间。若无法按计划时间完成工作，可重新填写"配电带电作业工作票"，在履行"双许可"（见"工作票许可"章节）手续后，进入事故抢修阶段继续完成工作。

（3）为确保作业人员安全，相关管理单位应制定相应的线路重合闸退出策略，明确相关技术措施并填至工作票中，见表1-1。

表1-1 相 关 技 术 措 施

线路名称或设备双重名称	是否需要停用重合闸	作业点负荷侧需要停电的线路、设备	应装设的安全遮栏（围栏）和悬挂的指示牌
××变10kV××线	是	无	在××变10kV××线001号杆柱上开关悬挂"禁止投入"标识牌，见图1-17

图1-17 "禁止投入"标识牌

（4）工作票签发人与工作负责人不得为同一人，但可为工作班成员。

（5）工作票签发应根据配网不停电作业市场化发展情况采取"双签发"形式。

（6）当现场复勘时发现工作点较初勘时发生变化，在原有安全措施未发生改变且具备继续实施条件的,应及时将相关补充安全措施填入工作票内。

第三节　工作前准备

一、人员组织

简单作业时，一般为 4 人一组。当斗内电工具备复杂作业能力时，可单人单斗作业，即 3 人一组。复杂作业时应根据作业复杂程度确定相应人数，见表 1-2。

表 1-2　　　　　　　　简单作业人员分工建议表

人员分工	人数
工作负责人（兼工作监护人）	1 人
斗内（杆上）电工	2 人
地面电工	1 人

二、工器具领用

领用绝缘工器具、安全用具及辅助工器具时，应核对工器具的使用电压等级和试验周期，并检查外观完好无损。在运输过程中，应存放在专用工具袋、工具箱或工具车内，以防受潮或损伤。使用前，应对安全用具、绝缘工具进行检查，对绝缘工具应使用绝缘电阻测试仪进行分段绝缘检测。

三、车辆检查

车辆行驶前，司机对车辆进行检查，确认车辆符合行车要求后方可行驶。作业前，作业班组应对绝缘斗臂车进行一次空斗试验，确认绝缘臂、绝缘斗性能良好，符合作业条件。

四、其他工作前准备

除配网不停电作业班组外，其他工作前准备还应包含相关配合单位、班组、人员的协调工作。

第四节 工作票许可

当前配网不停电作业逐渐呈现市场化发展趋势，为确保作业安全应采取"双许可"方式许可"配电带电作业工作票"。"双许可"内容如下：

一、值班调控人员向设备运维人员许可

设备运维人员在完成相应安全措施（停用重合闸）后，向值班调控人员提出申请，值班调控人员确认可以作业时向设备运维人员发出许可工作的命令，一般采用电话许可方式。

二、设备运维人员向工作负责人许可

设备运维人员在收到值班调控人员的许可后，确认具备作业条件时，向工作负责人进行许可，一般采用当面许可方式。

第五节 班 前 会

一、着装及精神面貌检查

为保证作业安全，作业人员在作业时需正确穿戴全棉长袖工作服

和绝缘防护用具，工作负责人需检查作业人员精神状态面貌是否良好，见图1-18。

二、工作内容告知

工作负责人向工作班成员告知作业点双重名称、工作内容、工作范围、保留的带电范围、检修时间等信息。

三、作业分工

工作负责人对作业人员进行明确的分工，包括一号电工、二号电工和

图1-18　正确着装示范

地面电工、专责监护人等，各自承担相应的工作职责。

四、危险点及预控措施告知

工作负责人还应向工作班成员告知危险点及预控措施，包括：是否停用重合闸；作业点负荷侧需要停电的线路、设备；应装设的安全遮栏（围栏）和悬挂的标示牌；相邻设备、线路的情况及预控措施（如临近线路带电情况）；其他危险点预控措施和注意事项。

常见危险点预控措施如下：

（1）斗内作业人员必须穿绝缘服、绝缘防护用具、系好安全带、戴好安全帽、佩戴护目镜。

（2）作业开始前应使用验电器进行验电，确认无漏电现象，斗内作业人员必须穿绝缘服、绝缘防护用具系好安全带、戴好安全帽。

（3）严格按照由近至远、由低到高、先带电体后接地体的顺序进行遮蔽，绝缘遮蔽范围应大于作业人员作业过程中的活动范围。

（4）在围栏外适当位置加设路锥及交通警示牌，作业现场设置防

护围栏，禁止无关人员入内，设专人看护。

（5）斗臂车升降过程中注意避开带电体及障碍物。

（6）作业人员严禁同时进行两相作业，严禁人体同时接触两个不同的电位。

（7）作业人员禁止高空抛物。

（8）作业时相间安全距离不小于 0.6m，对地安全距离不小于 0.4m，不满足安全距离时对带电体、接地体进行绝缘遮蔽。

（9）带电作业时严禁摘下个人绝缘防护用具。

（10）工作时绝缘斗臂车的有效绝缘长度应不小于 1m。

（11）作业人员在接触带电导线前应得到工作负责人的同意。

（12）当斗臂车绝缘斗距有电线路 1～2m 或工作转移时，严禁使用快速挡。

（13）绝缘斗臂车在作业时，发动机不能熄火。

（14）上下传递工具、材料应使用绝缘绳、严禁抛、扔的行为。

（15）绝缘斗臂车接地棒埋深应不低于 0.6m，接地应连接牢固可靠。

（16）在带电作业开始前，应对车辆进行检查，并做空斗试验操作一次，确认无误后方可开始工作。

（17）检查杆身有无裂纹，杆塔基础是否满足带电作业条件。

（18）如线路发生故障时，应立即停止工作，撤离到安全区域，待线路故障已消除或线路故障已隔离，方可恢复工作。

五、问答环节

为确保各工作班成员已知晓上述内容，在工作开始前，工作负责人应向工作班成员提问。工作班成员若对告知内容存疑，可向工作负责人发问，确有疏漏的，应及时补充进工作票中。

六、现场补充的安全措施告知

对于新增的危险点，工作负责人应及时补充相应预控措施，并告知工作班成员，如对新增负荷的停电处理、新增绝缘遮蔽设置等。

七、确认签名

工作班成员对工作内容、工作分工、危险点及预控措施等均已知晓，应在工作票中签名确认。

八、其他

如有其他与工作相关的事项需说明时应填写在备注栏内，例如重合闸退出时间等。

第六节　工器具准备及检查

一、工器具准备

将所携带的工器具按照分类摆放的原则，放置于防潮帆布上，见图 1-19。

图 1-19　工器具正确摆放示范图

二、工器具检查

（1）外观检查及擦拭。在作业前对工器具外观进行检查，确保工器具在合格试验周期❶内，并无影响作业安全的缺陷。外观检查结束后擦拭工器具，防止水渍、泥垢等影响作业安全。

（2）电气检测试验。

1）试验仪器仪表的外观检查。为保证试验安全，在现场试验前需对试验仪器仪表的外观进行检查，确保试验仪器仪表合格。

2）绝缘工器具的绝缘电阻。使用绝缘电阻测试仪进行分段绝缘电阻检测，要求绝缘电阻表的电压不小于2500V。部分常用绝缘工器具检测试验标准如下，见图1-20。

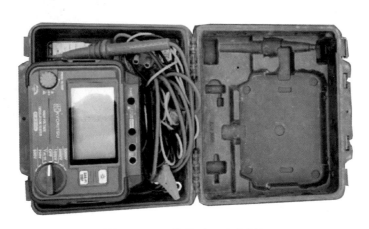

图1-20　绝缘电阻测试仪

A. 个人防护用具及绝缘工器具。个人防护用具及绝缘工器具的检测试验标准为绝缘电阻值大于700MΩ。

B. 旁路电缆及旁路引流线。旁路电缆及旁路引流线的检测试验

---

❶ 为确保作业安全，应定期对带电作业工器具进行电气试验和机械试验，相关试验周期为：

　1）电气试验：预防性试验每年一次，检查性试验每年一次，两次试验间隔半年；

　2）机械实验：绝缘手套、绝缘靴半年一次，其他绝缘工具每年一次；金属工具两年一次。

标准为绝缘电阻值大于 500MΩ。

3）旁路系统的导通试验。使用万用表完成旁路系统的导通试验，见图 1-21。

A. 旁路电缆及旁路开关。旁路电缆及旁路开关的检测试验标准为万用表蜂鸣器是否鸣响，蜂鸣器鸣响则表示旁路电缆及旁路开关导通、合格，见图 1-22。

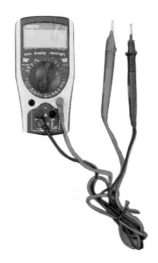

图 1-21　万用表　　　　　　　图 1-22　万用表蜂鸣器

B. 消弧器。消弧器的检测试验标准为万用表蜂鸣器是否鸣响，蜂鸣器鸣响则表示消弧器导通、合格。

（3）常用承力工具的冲击试验。

1）脚扣。将脚扣扣在电杆距地面 20cm 左右部位，用脚踏上后系好脚扣带，向下猛力蹬踩，脚扣不变形、不开焊即为合格，见图 1-23。

2）安全带及后备保护绳。工作人员正确穿戴安全带后，分别将围杆带及后备保护绳系于杆身或牢固构件上，用力向后拉拽，围杆带及后备保护绳未出现断裂、破损即为合格，见图 1-24。

图 1-23　脚扣冲击试验

图 1-24　安全带冲击试验

图 1-25　后备保护绳冲击试验

第七节 车 辆 准 备

车辆准备环节需注意以下几点：

一、底盘支撑

（1）水平度不大于 5°，一般为 0°～3°，见图 1-26。

图 1-26 底盘支撑水平度

（2）支腿应使用绝缘垫板和枕木，见图 1-27。

图 1-27 支腿使用绝缘垫板

二、车辆接地

（1）接地线应全部拉出，不得盘绕，见图 1-28。

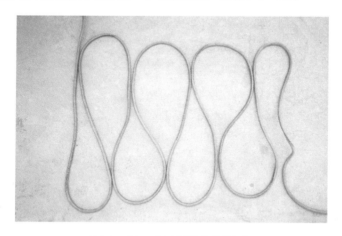

图 1-28　接地线全部拉出

（2）接地棒的接地深度不小于 60cm，见图 1-29。

图 1-29　接地棒接地深度

三、空斗试验

检查斗臂车上装的伸缩、升降、回转及液压传动是否正常，操作是否灵活，制动装置是否可靠。

工作人员进入斗内后，车辆应保持启动状态，燃油车型不得熄火，见图1-30。

图1-30　空斗试验

第二章

作业过程

第一节 普通消缺及装拆附件

一、适用范围

适用于清除异物、扶正绝缘子、修补导线、调节导线弧垂、处理绝缘导线异响、拆除退役设备、更换拉线、拆除非承力拉线、加装接地环、加装或拆除接触设备套管、加装或拆除故障指示器、加装或拆除驱鸟器等。

二、作业基本信息

（1）人员组合。本项目需 4 人，具体分工见表 2-1。

表 2-1 人 员 组 合

人员分工	人数
工作负责人（兼工作监护人）	1 人
斗内电工	2 人
地面电工	1 人

（2）作业方法：绝缘手套作业法。

（3）主要工器具配备，见表 2-2。

表 2-2　　　　　　　　工 器 具 配 备

序号	工器具名称		参考图	规格、型号	数量	备注
1	特种车辆	绝缘斗臂车		10kV	1辆	
2	绝缘防护用具	绝缘手套		10kV	2副	戴防护手套
3		绝缘安全帽		10kV	4顶	
4		绝缘披肩		10kV	2套	
5		绝缘安全带		10kV	2副	
6	绝缘遮蔽用具	导线遮蔽罩		10kV	若干	

序号	工器具名称	参考图	规格、型号	数量	备注
7	绝缘遮蔽用具	绝缘毯	10kV	若干	
8		引流线遮蔽罩	10kV	3 根	
9		绝缘绳套	—	2 根	
10		绝缘传递绳	ϕ12mm	1 根	15m
11	绝缘工具	绝缘紧线器	—	1 个	
12		卡线器	—	2 个	
13		后备保护绳	—	1 条	

序号	工器具名称		参考图	规格、型号	数量	备注
14	其他	绝缘电阻测试仪		2500V及以上	1套	
15		验电器		10kV	1套	

三、作业过程

（1）操作过程。

1）普通消缺。

A. 清除异物。

a. 斗内电工进入工作斗。

（a）工作负责人对斗内作业人员穿戴进行检查，见图2-1。

图2-1　穿戴检查

（b）工作负责人对斗内作业人员安全带挂接情况进行检查，见图 2-2。

图 2-2 安全带挂接检查

（c）地面电工配合将工器具转移至绝缘斗内，注意事项见图 2-3。

绝缘毯用绝缘夹加以固定　　　工器具应放置在专用的　　　斗内作业人员严禁踩踏
　　　　　　　　　　　　　　工具袋（箱）内　　　　　　绝缘工器具

图 2-3 注意事项

b. 验电。

（a）验电注意事项。

a）通过验电器自检按钮检查确认良好，见图 2-4；

图 2-4　验电器自检

b）条件允许的情况下，在带电体的裸露部分验电确认验电器良好；

c）将伸缩式验电器全部拉出，确保有效绝缘长度不小于 0.7m，见图 2-5。

图 2-5　有效绝缘长度不小于 0.7m

（b）验电内容。

斗内电工调整至带电导线横担下侧适当位置，使用验电器按照

"导线→绝缘子→横担"的顺序对带电体及接地体进行验电，确认有无漏电现象，见图2-6。

图2-6 验电

（c）将验电结果向工作负责人进行汇报。

若有漏电现象则及时报告工作负责人，终止工作；若无漏电现象则报告工作负责人，正常开展工作，见图2-7。

图2-7 汇报验电结果

c. 清除异物。

（a）斗内电工将绝缘斗调整至近边相导线适当位置，按照"从近到远、从下到上、先带电体后接地体"的遮蔽原则对作业范围内的所有带电体和接地体进行绝缘遮蔽，其余两相绝缘遮蔽按照相同方法进行。设置绝缘遮蔽应注意：

a）绝缘遮蔽组合重叠距离不得小于15cm，见图2-8；

图2-8　重叠距离不小于15cm

b）设置导线遮蔽时，防止导线大幅度晃动引起相间短路，见图2-9；

图2-9　防止导线大幅晃动

c）设置导线遮蔽时，注意人体与带电体、接地体安全距离，见图 2-10；

图 2-10　注意安全距离

d）设置绝缘遮蔽时，斗内两名电工严禁同时作业，见图 2-11。

图 2-11　禁止同时作业

（b）斗内电工拆除异物时，应站在上风侧，须采取措施防止异物落下伤人等，见图 2-12。

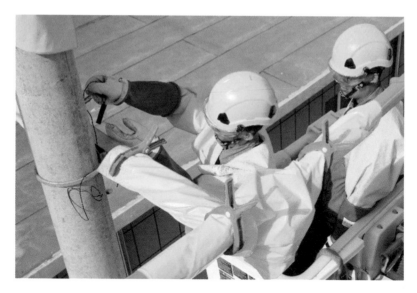

图 2-12　拆除异物

d. 拆除绝缘遮蔽。按照"从远到近、从上到下、先接地体后带电体"的原则依次拆除绝缘遮蔽，绝缘斗退出有电工作区域，作业人员返回地面，见图 2-13。

图 2-13　拆除绝缘遮蔽

e. 施工质量检查。工作负责人指挥斗内电工检查是否有遗留物。

B. 扶正绝缘子。

a. 斗内电工进入工作斗。

（a）工作负责人对斗内作业人员穿戴进行检查，见图 2-14。

图 2-14　穿戴检查

（b）工作负责人对斗内作业人员安全带挂接情况进行检查，见图 2-15。

图 2-15　安全带挂接检查

（c）地面电工配合将工器具转移至绝缘斗内，注意事项见图2-16。

绝缘毯用绝缘夹加以固定　　工器具应放置在专用的　　斗内作业人员严禁踩踏
　　　　　　　　　　　　　　工具袋（箱）内　　　　　绝缘工器具

图2-16　注意事项

b. 验电。

（a）验电注意事项。

a）通过验电器自检按钮检查确认良好，见图2-17；

图2-17　验电器自检

b）条件允许的情况下，在带电体的裸露部分验电确认验电器良好；

c）将伸缩式验电器全部拉出，确保有效绝缘长度不小于0.7m，见图2-18。

图2-18　有效绝缘长度不小于0.7m

（b）验电内容。

斗内电工调整至带电导线横担下侧适当位置，使用验电器按照"导线→绝缘子→横担"的顺序对带电体及接地体进行验电，确认有无漏电现象，见图2-19。

图2-19　验电

（c）将验电结果向工作负责人进行汇报。

若有漏电现象则及时报告工作负责人，终止工作；若无漏电现象则报告工作负责人，正常开展工作，见图2-20。

图2-20　汇报验电结果

c. 扶正绝缘子。

（a）斗内电工将绝缘斗调整至近边相导线适当位置，按照"从近到远、从下到上、先带电体后接地体"的遮蔽原则对作业范围内的所有带电体和接地体进行绝缘遮蔽。设置绝缘遮蔽应注意：

a）绝缘遮蔽组合重叠距离不得小于15cm，见图2-21；

图2-21　重叠距离不小于15cm

b）设置导线遮蔽时，防止导线大幅度晃动引起相间短路，见图 2-22；

图 2-22 防止导线大幅晃动

c）设置导线遮蔽时，注意人体与带电体、接地体安全距离，防止发生人身触电，见图 2-23；

图 2-23 注意安全距离

d）设置绝缘遮蔽时，斗内两名电工严禁同时作业，见图 2-24。

图 2-24　禁止同时作业

（b）斗内电工扶正绝缘子，紧固绝缘子螺栓。如需扶正中间相绝缘子，作业人员应将两边相和中间相不能满足安全距离的带电体和接地体进行绝缘遮蔽，见图 2-25。

图 2-25　扶正绝缘子

d. 拆除绝缘遮蔽。

按照"从远到近、从上到下、先接地体后带电体"的原则依次拆除绝缘遮蔽，绝缘斗退出有电工作区域，作业人员返回地面，见图 2-26。

图 2-26 拆除绝缘遮蔽

e. 施工质量检查。

工作负责人指挥斗内电工检查是否有遗留物。

C. 修补导线。

a. 斗内电工进入工作斗。

（a）工作负责人对斗内作业人员穿戴进行检查，见图 2-27。

图 2-27 穿戴检查

（b）工作负责人对斗内作业人员安全带挂接情况进行检查，见图 2-28。

图 2-28　安全带挂接检查

（c）地面电工配合将工器具转移至绝缘斗内，注意事项见图 2-29。

绝缘毯用绝缘夹加以固定　　工器具应放置在专用的　　斗内作业人员严禁踩踏
　　　　　　　　　　　　　　工具袋（箱）内　　　　　绝缘工器具

图 2-29　注意事项

b. 验电。

（a）验电注意事项。

a）通过验电器自检按钮检查确认良好，见图 2-30；

图 2-30　验电器自检

b）条件允许的情况下，在带电体的裸露部分验电确认验电器良好；

c）将伸缩式验电器全部拉出，确保有效绝缘长度不小于 0.7m，见图 2-31；

图 2-31　有效绝缘长度不小于 0.7m

（b）验电内容。

斗内电工调整至带电导线横担下侧适当位置，使用验电器按照"导线→绝缘子→横担"的顺序对带电体及接地体进行验电，确认有无漏电现象，见图2-32。

图2-32　验电

（c）将验电结果向工作负责人进行汇报。

若有漏电现象则及时报告工作负责人，终止工作；若无漏电现象则报告工作负责人，正常开展工作，见图2-33。

图2-33　汇报验电结果

c. 修补导线。

（a）斗内电工将绝缘斗调整至导线修补点附近适当位置，观察导线损伤情况并汇报工作负责人，由工作负责人决定修补方案（缠绕法），见图 2-34。

图 2-34 观察导线损伤情况

（b）斗内电工按照"从近到远、从下到上、先带电体后接地体"的遮蔽原则对作业范围内的所有带电体和接地体进行绝缘遮蔽。设置绝缘遮蔽应注意：

a）绝缘遮蔽组合重叠距离不得小于 15cm，见图 2-35；

图 2-35 重叠距离不小于 15cm

b）设置导线遮蔽时，防止导线大幅度晃动引起相间短路，见图 2-36；

图 2-36　防止导线大幅晃动

c）设置导线遮蔽时，注意人体与带电体、接地体安全距离，防止发生人身触电，见图 2-37；

图 2-37　注意安全距离

d）设置绝缘遮蔽时，斗内两名电工严禁同时作业，见图 2-38。

图 2-38　禁止同时作业

（c）斗内电工按照工作负责人所列方案对损伤导线进行修补（缠绕法），见图 2-39。

图 2-39　修补损伤导线

d. 拆除绝缘遮蔽。

按照"从远到近、从上到下、先接地体后带电体"的原则依次拆除绝缘遮蔽，绝缘斗退出有电区域，作业人员返回地面，见图 2-40。

图 2-40　拆除绝缘遮蔽

e. 施工质量检查。

工作负责人指挥斗内电工检查是否有遗留物。

D. 调节导线弧垂。

a. 斗内电工进入工作斗。

（a）工作负责人对斗内作业人员穿戴进行检查，见图 2-41。

图 2-41　穿戴检查

（b）工作负责人对斗内作业人员安全带挂接情况进行检查，见图 2-42。

图 2-42　安全带挂接检查

（c）地面电工配合将工器具转移至绝缘斗内，注意事项见图 2-43。

绝缘毯用绝缘夹加以固定　　工器具应放置在专用的　　斗内作业人员严禁踩踏
　　　　　　　　　　　　　　工具袋（箱）内　　　　　　绝缘工器具

图 2-43　注意事项

b. 验电。

（a）验电注意事项。

a）通过验电器自检按钮检查确认良好，见图 2-44；

图 2-44　验电器自检

b）条件允许的情况下，在带电体的裸露部分验电确认验电器良好，见图 2-45；

图 2-45　裸露部分验电

c）将伸缩式验电器全部拉出，确保有效绝缘长度不小于 0.7m，见图 2-46；

图 2-46 有效绝缘长度不小于 0.7m

（b）验电内容。

斗内电工调整至带电导线横担下侧适当位置，使用验电器按照"导线→绝缘子→横担"的顺序对带电体及接地体进行验电，确认有无漏电现象，见图 2-47。

图 2-47 验电

（c）将验电结果向工作负责人进行汇报。

若有漏电现象则及时报告工作负责人，终止工作；若无漏电现象则报告工作负责人，正常开展工作，见图2-48。

图2-48　汇报验电结果

c. 调节导线弧垂。

（a）斗内电工将绝缘斗调整至近边相导线适当位置，按照"从近到远、从下到上、先带电体后接地体"的遮蔽原则对作业范围内的所有带电体和接地体进行绝缘遮蔽，其余两相绝缘遮蔽按照相同方法进行。设置绝缘遮蔽应注意：

a）绝缘遮蔽组合重叠距离不得小于15cm，见图2-49；

图 2-49 重叠距离不小于 15cm

b）设置导线遮蔽时，防止导线大幅度晃动引起相间短路，见图 2-50；

图 2-50 防止导线大幅晃动

c）设置导线遮蔽时，注意人体与带电体、接地体安全距离，防止发生人身触电，见图 2-51；

图 2-51　注意安全距离

d）设置绝缘遮蔽时，斗内两名电工严禁同时作业，见图 2-52。

图 2-52　禁止同时作业

（b）斗内电工将绝缘斗调整到近边相导线外侧适当位置，将绝缘绳套、后备保护绳绳套分别安装在耐张横担上，安装绝缘紧线器，卡线器闭锁装置锁牢，收紧导线，并安装防止跑线的后备保护绳，见图 2-53。

图 2-53　安装绝缘绳套、后备保护绳

（c）斗内电工视导线弧垂大小调整耐张线夹内的导线，见图 2-54。

图 2-54　调整耐张线夹内导线

（d）其余两相调节导线弧垂工作按相同方法进行。

d. 拆除绝缘遮蔽。

按照"从远到近、从上到下、先接地体后带电体"的原则依次拆除绝缘遮蔽，绝缘斗退出有电区域，作业人员返回地面，见图 2-55。

图 2-55 拆除绝缘遮蔽

e. 施工质量检查。

工作负责人指挥斗内电工检查是否有遗留物。

E. 处理绝缘导线异响。

a. 斗内电工进入工作斗。

（a）工作负责人对斗内作业人员穿戴进行检查，见图 2-56。

图 2-56 穿戴检查

（b）工作负责人对斗内作业人员安全带挂接情况进行检查，见图 2-57。

图 2-57 安全带挂接检查

（c）地面电工配合将工器具转移至绝缘斗内，注意事项见图 2-58。

绝缘毯用绝缘夹加以固定　　　工器具应放置在专用的　　　斗内作业人员严禁踩踏
　　　　　　　　　　　　　　　　工具袋（箱）内　　　　　　绝缘工器具

图 2-58 注意事项

b. 验电。

（a）验电注意事项。

a）通过验电器自检按钮检查确认良好，见图 2-59；

图 2-59 验电器自检

b）条件允许的情况下，在带电体的裸露部分验电确认验电器良好，见图 2-60；

图 2-60 裸露部分验电

c）将伸缩式验电器全部拉出，确保有效绝缘长度不小于 0.7m，见图 2-61；

图 2-61 有效绝缘长度不小于 0.7m

（b）验电内容。

斗内电工调整至带电导线横担下侧适当位置，使用验电器按照"导线→绝缘子→横担"的顺序对带电体及接地体进行验电，确认有无漏电现象，见图 2-62。

图 2-62 验电

（c）将验电结果向工作负责人进行汇报。

若有漏电现象则及时报告工作负责人，终止工作；若无漏电现象则报告工作负责人，正常开展工作，见图 2-63。

图 2-63　汇报验电结果

c. 处理绝缘导线异响。

（a）绝缘导线对耐张线夹放电异响。

a）斗内电工操作斗臂车定位于距缺陷部位合适位置，见图 2-64。

图 2-64　斗臂车定位

　b）观察是否存在较为明显的灼烧痕迹，结合测温仪判断缺陷情况及具体放电位置。若检测出耐张绝缘子带电，则应在缺陷电杆电源侧寻找可断、接引流线处，进行带电断引流线作业，再对此缺陷电杆进行停电处理，见图2-65。

图2-65　判断缺陷情况及放电位置

若检测出悬式绝缘子不带电，耐张线夹带电，斗内电工将耳朵贴在绝缘杆另一端，根据异响强弱判定缺陷具体位置，见图2-66。

图2-66　根据异响强弱判定缺陷位置

c）斗内电工将绝缘斗调整至近边相导线适当位置，按照"从近到远、从下到上、先带电体后接地体"的遮蔽原则对作业范围内的所有带电体和接地体进行绝缘遮蔽，其余两相绝缘遮蔽按照相同方法进行。设置绝缘遮蔽应注意：

绝缘遮蔽组合重叠距离不得小于 15cm，见图 2-67；

图 2-67　重叠距离不小于 15cm

设置导线遮蔽时，防止导线大幅度晃动引起相间短路，见图 2-68；

图 2-68　防止导线大幅晃动

　　设置导线遮蔽时，注意人体与带电体、接地体安全距离，防止发生人身触电，见图 2-69；

图 2-69　注意安全距离

　　设置绝缘遮蔽时，斗内两名电工严禁同时作业，见图 2-70。

图 2-70　禁止同时作业

　　d）斗内电工以最小范围分别打开横担遮蔽和缺陷相导线遮蔽，安装好绝缘紧线器并收紧使耐张串不承载，同时安装好绝缘保险绳，迅速恢复遮蔽，见图 2-71。

图 2-71　安装绝缘紧线器、绝缘保险绳

e）斗内电工确认绝缘紧线器承力无误后，打开耐张线夹处绝缘遮蔽，拆除耐张线夹与导线固定的紧固螺栓，见图 2-72。

图 2-72　拆除紧固螺栓

f）斗内电工观察缺陷情况，使用绝缘自粘带对导线绝缘破损缺陷部位进行包缠，使导线恢复绝缘性能，见图2-73。

图2-73　包缠导线绝缘破损位置

g）将恢复绝缘性能的导线与耐张线夹可靠固定，并检查确认缺陷已消除，迅速恢复遮蔽，见图2-74。

图2-74　固定导线与耐张线夹

h）斗内电工操作绝缘紧线器使悬式绝缘子逐渐承力，确认无误后，取下绝缘紧线器和绝缘保险绳，迅速恢复遮蔽，见图2-75。

图2-75　取下绝缘紧线器和绝缘保险绳

i）斗内电工采用上述方法对其他缺陷相进行处理。

（b）绝缘导线对柱式绝缘子放电异响。

a）斗内电工操作斗臂车定位于距缺陷部位合适位置，见图2-76。

图2-76　斗臂车定位

b）观察是否存在较为明显的灼烧痕迹，结合测温仪判断缺陷情况及具体放电位置。若检测出柱式绝缘子带电，则应在缺陷电杆电源侧寻找可断、接引流线处，进行带电断引流线作业，再对此缺陷杆进行停电处理，见图 2-77。

图 2-77　判断缺陷情况及放电位置

c）斗内电工将绝缘斗调整至近边相导线适当位置，按照"从近到远、从下到上、先带电体后接地体"的遮蔽原则对作业范围内的所有带电体和接地体进行绝缘遮蔽，其余两相绝缘遮蔽按照相同方法进行。设置绝缘遮蔽应注意：

绝缘遮蔽组合重叠距离不得小于 15cm，见图 2-78；

图 2-78　重叠距离不小于 15cm

设置导线遮蔽时，防止导线大幅度晃动引起相间短路，见图 2-79；

图 2-79　防止导线大幅晃动

设置导线遮蔽时，注意人体与带电体、接地体安全距离，防止发生人身触电，见图 2-80；

图2-80 注意安全距离

设置绝缘遮蔽时，斗内两名电工严禁同时作业，见图2-81。

图2-81 禁止同时作业

d）将缺陷相导线遮蔽罩旋转，使开口朝上，使用斗臂车上小吊吊住导线并确认可靠，见图2-82。

图 2-82　旋转导线遮蔽罩

e）取下绝缘毯，使用绝缘毯对柱式绝缘子底部接地体进行绝缘遮蔽，见图 2-83。

图 2-83　取下绝缘毯

f）拆除绝缘子绑扎线后，操作绝缘小吊臂起吊导线脱离柱式绝缘子至 0.4m 的安全距离以外，见图 2-84。

图 2-84 起吊导线至安全距离

g）利用绝缘自粘带对导线绝缘破损部分进行包缠，使导线恢复绝缘性能，见图 2-85。

图 2-85 包缠导线绝缘破损位置

h）操作绝缘小吊臂，将恢复绝缘性能的导线降落至绝缘子顶部线槽内可靠固定，并检查确认缺陷已消除，迅速恢复遮蔽，见图 2-86。

图2-86　固定导线

i）斗内电工采用上述方法对其他缺陷相进行处理。

（c）开关（刀闸）引线端子处放电异响。

a）斗内电工操作斗臂车定位于距缺陷部位合适位置，见图2-87。

图2-87　斗臂车定位

b）观察是否存在较为明显的灼烧痕迹，结合测温仪判断缺陷情况及具体放电位置，见图2-88。

图 2-88 判断缺陷情况及放电位置

c）检查开关（刀闸）处于断开状态（若未处于断开状态，则使用绝缘操作杆拉开开关），见图 2-89。

图 2-89 断开开关

d）斗内电工将绝缘斗调整至近边相导线适当位置，按照"从近到远、从下到上、先带电体后接地体"的遮蔽原则对作业范围内的所有带电体和接地体进行绝缘遮蔽，其余两相绝缘遮蔽按照相同方法进行。设置绝缘遮蔽应注意：

绝缘遮蔽组合重叠距离不得小于 15cm，见图 2-90；

图 2-90　重叠距离不小于 15cm

设置导线遮蔽时，防止导线大幅度晃动引起相间短路，见图 2-91；

图 2-91　防止导线大幅晃动

设置导线遮蔽时，注意人体与带电体、接地体安全距离，防止发生人身触电，见图2-92；

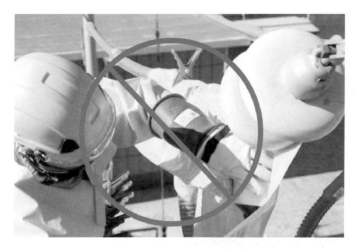

图2-92 注意安全距离

设置绝缘遮蔽时，斗内两名电工严禁同时作业。

e）打开该相开关（刀闸）引流线与主导线连接点的绝缘遮蔽，拆除引流线与主导线的连接并将引流线可靠固定后，迅速恢复遮蔽，见图2-93。

图2-93 固定引流线

f）打开缺陷点紧固螺栓，根据缺陷点烧灼实际情况，对应采取紧固螺栓、更换本相引流线或隔离开关工作并恢复绝缘遮蔽，见图2-94。

图2-94　打开缺陷点紧固螺栓

g）将隔离开关引流线与主导线搭接好后，检查确认缺陷已消除，对导线搭接点进行绝缘密封后并迅速恢复遮蔽，使用绝缘操作杆合上隔离开关，见图2-95。

图2-95　绝缘密封

h）斗内电工采用上述方法对其他缺陷相进行处理。

（d）引流线线夹连接点不良引发放电异响。

a）观察是否存在较为明显的灼烧痕迹，结合测温仪判断缺陷情况及具体放电位置，断开引流线后方所带全部负荷，见图2-96。

图2-96 判断缺陷情况及放电位置

b）斗内电工将绝缘斗调整至近边相导线适当位置，按照"从近到远、从下到上、先带电体后接地体"的遮蔽原则对作业范围内的所有带电体和接地体进行绝缘遮蔽，其余两相绝缘遮蔽按照相同方法进行。设置绝缘遮蔽应注意：

绝缘遮蔽组合重叠距离不得小于15cm，见图2-97；

图2-97　重叠距离不小于15cm

设置导线遮蔽时，防止导线大幅度晃动引起相间短路，见图2-98；

图2-98　防止导线大幅晃动

设置导线遮蔽时，注意人体与带电体、接地体安全距离，防止发生人身触电，见图2-99；

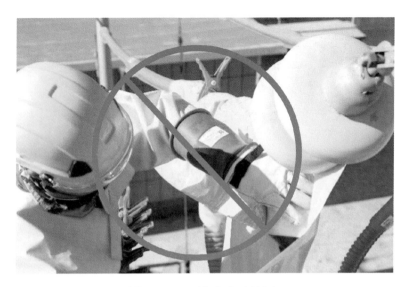

图 2-99 注意安全距离

设置绝缘遮蔽时，斗内两名电工严禁同时作业，见图 2-100。

图 2-100 禁止同时作业

c）斗内电工移动工作斗至缺陷相，打开缺陷相引流线与主导线连接点的绝缘遮蔽，拆除引流线与主导线的连接并将引流线可靠固定，见图 2-101。

图2-101 拆除连接、固定引流线

d）分别检查连接点两侧导线连接面烧灼情况，根据实际缺陷情况进行处理（更换引线与主导线的接触点、更换线夹、修补导线、清除氧化层），见图2-102。

图2-102 观察导线烧灼情况

e）使用新的线夹重新进行引流线与主导线的搭接工作，检查确认缺陷已消除，对导线搭接点进行绝缘遮蔽密封后并迅速恢复遮蔽，见图 2-103。

图 2-103 新线夹搭接

f）斗内电工采用上述方法对其他缺陷相进行处理。

d. 拆除绝缘遮蔽。

按照"从远到近、从上到下、先接地体后带电体"的原则依次拆除绝缘遮蔽，绝缘斗退出有电区域，作业人员返回地面，见图 2-104。

图 2-104 拆除绝缘遮蔽

e. 施工质量检查。

工作负责人指挥斗内电工检查是否有遗留物。

F. 拆除退役设备。

a. 斗内电工进入工作斗。

（a）工作负责人对斗内作业人员穿戴进行检查，见图 2-105。

图 2-105　穿戴检查

（b）工作负责人对斗内作业人员安全带挂接情况进行检查，见图 2-106。

图 2-106　安全带挂接检查

（c）地面电工配合将工器具转移至绝缘斗内，注意事项见图2-107。

绝缘毯用绝缘夹加以固定　　　工器具应放置在专用的　　　斗内作业人员严禁踩踏
　　　　　　　　　　　　　　　工具袋（箱）内　　　　　　绝缘工器具

图2-107　注意事项

b. 验电。

（a）验电注意事项。

a）通过验电器自检按钮检查确认良好，见图2-108；

图2-108　验电器自检

b）条件允许的情况下，在带电体的裸露部分验电确认验电器良好；

c）将伸缩式验电器全部拉出，确保有效绝缘长度不小于0.7m，见图2-109；

图 2-109　有效绝缘长度不小于 0.7m

（b）验电内容。

斗内电工调整至带电导线横担下侧适当位置，使用验电器按照"导线→绝缘子→横担"的顺序对带电体及接地体进行验电，确认有无漏电现象，见图 2-110。

图 2-110　验电

（c）将验电结果向工作负责人进行汇报。

若有漏电现象则及时报告工作负责人，终止工作；若无漏电现象则报告工作负责人，正常开展工作，见图2-111。

图2-111 汇报验电结果

c. 拆除退役设备。

（a）斗内电工将绝缘斗调整至近边相导线适当位置，按照"从近到远、从下到上、先带电体后接地体"的遮蔽原则对作业范围内的所有带电体和接地体进行绝缘遮蔽，其余两相绝缘遮蔽按照相同方法进行。设置绝缘遮蔽应注意：

a）绝缘遮蔽组合重叠距离不得小于15cm，见图2-112；

图 2-112　重叠距离不小于 15cm

b）设置导线遮蔽时，防止导线大幅度晃动引起相间短路，见图 2-113；

图 2-113　防止导线大幅晃动

c）设置导线遮蔽时，注意人体与带电体、接地体安全距离，防止发生人身触电，见图 2-114；

图 2-114　注意安全距离

d）设置绝缘遮蔽时，斗内两名电工严禁同时作业，见图 2-115。

图 2-115　禁止同时作业

（b）斗内电工拆除退役设备时，须采取措施防止退役设备落下伤人等，见图2-116。

图2-116　采取防坠措施

（c）地面电工配合将退役设备放至地面，见图2-117。

图2-117　退役设备放至地面

d. 拆除绝缘遮蔽。

按照"从远到近、从上到下、先接地体后带电体"的原则依次拆除绝缘遮蔽，绝缘斗退出有电区域，作业人员返回地面，见图2-118。

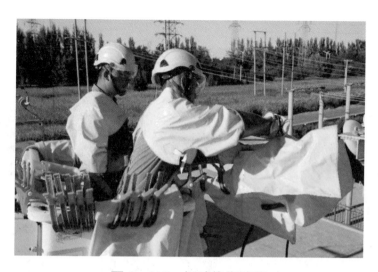

图 2-118 拆除绝缘遮蔽

e. 施工质量检查。

工作负责人指挥斗内电工检查是否有遗留物。

G. 更换拉线。

a. 斗内电工进入工作斗。

（a）工作负责人对斗内作业人员穿戴进行检查，见图 2-119。

图 2-119 穿戴检查

（b）工作负责人对斗内作业人员安全带挂接情况进行检查，见图 2-120。

图 2-120   安全带挂接检查

（c）地面电工配合将工器具转移至绝缘斗内，注意事项见图 2-121。

绝缘毯用绝缘夹加以固定　　工器具应放置在专用的　　斗内作业人员严禁踩踏
　　　　　　　　　　　　　　工具袋（箱）内　　　　　　绝缘工器具

图 2-121   注意事项

b. 验电。

（a）验电注意事项。

a）通过验电器自检按钮检查确认良好，见图 2-122；

图 2-122　验电器自检

b）条件允许的情况下，在带电体的裸露部分验电确认验电器良好；

c）将伸缩式验电器全部拉出，确保有效绝缘长度不小于 0.7m，见图 2-123；

图 2-123　有效绝缘长度不小于 0.7m

（b）验电内容。

斗内电工调整至带电导线横担下侧适当位置，使用验电器按照"导线→绝缘子→横担"的顺序对带电体及接地体进行验电，确认有无漏电现象。

（c）将验电结果向工作负责人进行汇报。

若有漏电现象则及时报告工作负责人，终止工作；若无漏电现象则报告工作负责人，正常开展工作。

c. 更换拉线。

（a）斗内电工按照"从近到远、从下到上、先带电体后接地体"的遮蔽原则对作业范围内的所有带电体和接地体进行绝缘遮蔽。设置绝缘遮蔽应注意：

a）绝缘遮蔽组合重叠距离不得小于 15cm，见图 2-124；

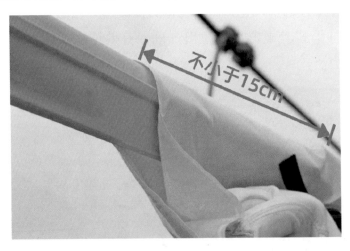

图 2-124　重叠距离不小于 15cm

b）设置导线遮蔽时，防止导线大幅度晃动引起相间短路；

c）设置导线遮蔽时，注意人体与带电体、接地体安全距离，防止发生人身触电；

d）设置绝缘遮蔽时，斗内两名电工严禁同时作业。

（b）斗内电工打开需要更换拉线抱箍的位置的绝缘遮蔽。

（c）地面电工使用绝缘绳将新的拉线抱箍和拉线分别传递给斗内电工，传递拉线时地面电工用绝缘绳控制拉线方向。

（d）斗内电工在旧抱箍下方安装新拉线抱箍和拉线，安装好后立即恢复绝缘遮蔽。

（e）斗内电工操作绝缘斗至安全区域。

（f）施工配合人员站在绝缘垫上，使用紧线器收紧拉线，并进行新拉线 UT 楔型线夹的制作。

（g）施工配合人员检查新拉线受力无问题后拆除新拉线上的紧线器。

（h）施工配合人员站在绝缘垫上，使用紧线器收紧旧拉线，缓慢松开旧拉线 UT 线夹螺栓，使拉线不承力。

（i）斗内电工操作绝缘斗至旧拉线抱箍处，打开绝缘遮蔽，拆除旧拉线及抱箍，并使用绝缘传递绳将旧拉线和拉线抱箍分别传递至地面，传递拉线时地面电工用绝缘绳控制拉线方向。

（j）施工配合人员拆除旧拉线的紧线器。

d. 拆除绝缘遮蔽。

按照"从远到近、从上到下、先接地体后带电体"的原则依次拆除绝缘遮蔽，绝缘斗退出有电区域，作业人员返回地面。

e. 施工质量检查。

（a）斗内电工检查拉线与带电体安全距离及杆上施工质量满足要求；

（b）工作负责人指挥斗内电工检查是否有遗留物。

H. 拆除非承力拉线。

a. 斗内电工进入工作斗。

（a）工作负责人对斗内作业人员穿戴进行检查，见图 2-125。

图 2-125　穿戴检查

（b）工作负责人对斗内作业人员安全带挂接情况进行检查，见图 2-126。

图 2-126　安全带挂接检查

（c）地面电工配合将工器具转移至绝缘斗内，注意事项见图2-127。

绝缘毯用绝缘夹加以固定　　　　工器具应放置在专用的　　　斗内作业人员严禁踩踏
　　　　　　　　　　　　　　　　　工具袋（箱）内　　　　　　绝缘工器具

图2-127　注意事项

b. 验电。

（a）验电注意事项。

a）通过验电器自检按钮检查确认良好，见图2-128；

图2-128　验电器自检

b）条件允许的情况下，在带电体的裸露部分验电确认验电器良好；

c）将伸缩式验电器全部拉出，确保有效绝缘长度不小于0.7m，
见图2-129；

图 2-129　有效绝缘长度不小于 0.7m

（b）验电内容。

斗内电工调整至带电导线横担下侧适当位置，使用验电器按照"导线→绝缘子→横担"的顺序对带电体及接地体进行验电，确认有无漏电现象。

（c）将验电结果向工作负责人进行汇报。

若有漏电现象则及时报告工作负责人，终止工作；若无漏电现象则报告工作负责人，正常开展工作。

c. 拆除非承力拉线。

（a）斗内电工按照"从近到远、从下到上、先带电体后接地体"的遮蔽原则对作业范围内的所有带电体和接地体进行绝缘遮蔽。设置绝缘遮蔽应注意：

a）绝缘遮蔽组合重叠距离不得小于 15cm，见图 2-130；

b）设置导线遮蔽时，防止导线大幅度晃动引起相间短路；

c）设置导线遮蔽时，注意人体与带电体、接地体安全距离，防止发生人身触电；

d）设置绝缘遮蔽时，斗内两名电工严禁同时作业。

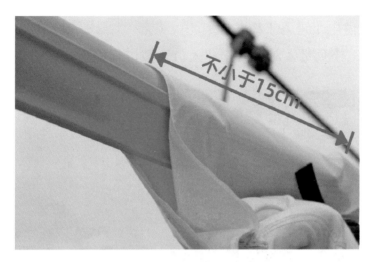

图 2-130　重叠距离不小于 15cm

（b）施工配合人员站在绝缘垫上，使用紧线器缓慢放松拉线。

（c）确认拉线不受力后，拆除下楔型线夹与拉线棒的连接，缓慢放松紧线器。

（d）斗内电工操作工作斗至工作位置，打开拉线抱箍与楔形线夹连接处的绝缘遮蔽，斗内电工拆除拉线抱箍与上楔型线夹的连接后立即恢复拉线抱箍遮蔽。

（e）斗内电工使用绝缘传递绳将拉线传至地面，拆除拉线抱箍。

d. 拆除绝缘遮蔽。

按照"从远到近、从上到下、先接地体后带电体"的原则依次拆除绝缘遮蔽，绝缘斗退出有电区域，作业人员返回地面。

e. 施工质量检查。

（a）斗内电工检查拉线与带电体安全距离及杆上施工质量满足要求；

（b）工作负责人指挥斗内电工检查是否有遗留物。

2）装拆附件。

A. 加装接地环。

a. 斗内电工进入工作斗。

（a）工作负责人对斗内作业人员穿戴进行检查，见图 2-131。

图 2-131　穿戴检查

（b）工作负责人对斗内作业人员安全带挂接情况进行检查，见图 2-132。

图 2-132　安全带挂接检查

（c）地面电工配合将工器具转移至绝缘斗内，注意事项见图2-133。

绝缘毯用绝缘夹加以固定　　工器具应放置在专用的　　斗内作业人员严禁踩踏
　　　　　　　　　　　　　工具袋（箱）内　　　　　绝缘工器具

图2-133　注意事项

b. 验电。

（a）验电注意事项。

a）通过验电器自检按钮检查确认良好，见图2-134；

图2-134　验电器自检

b）条件允许的情况下，在带电体的裸露部分验电确认验电器良好；

c）将伸缩式验电器全部拉出，确保有效绝缘长度不小于0.7m，见图2-135；

图 2-135　有效绝缘长度不小于 0.7m

（b）验电内容。

斗内电工调整至带电导线横担下侧适当位置，使用验电器按照"导线→绝缘子→横担"的顺序对带电体及接地体进行验电，确认有无漏电现象，见图 2-136。

图 2-136　验电

（c）将验电结果向工作负责人进行汇报。

若有漏电现象则及时报告工作负责人，终止工作；若无漏电现象则报告工作负责人，正常开展工作，见图 2-137。

图 2-137 汇报验电结果

c. 加装接地环。

（a）斗内电工将绝缘斗调整至近边相导线下，按照"从近到远、从下到上、先带电体后接地体"的遮蔽原则对作业范围内的所有带电体和接地体进行绝缘遮蔽，其余两相绝缘遮蔽按照相同方法进行。设置绝缘遮蔽应注意：

a）绝缘遮蔽组合重叠距离不得小于 15cm，见图 2-138；

图 2-138 重叠距离不小于 15cm

b）设置导线遮蔽时，防止导线大幅度晃动引起相间短路，见图 2-139；

图 2-139　防止导线大幅晃动

c）设置导线遮蔽时，注意人体与带电体、接地体安全距离，防止发生人身触电，见图 2-140；

图 2-140　注意安全距离

d）设置绝缘遮蔽时，斗内两名电工严禁同时作业，见图 2-141。

图 2-141 禁止同时作业

（b）斗内电工将绝缘斗调整到中间相导线下侧，安装验电接地环，见图 2-142。

图 2-142 安装验电接地环

（c）其余两相验电接地环安装工作按相同方法进行（应先中间相、后远边相、最后近边相顺序，也可视现场实际情况由远到近依次进行）。

d. 拆除绝缘遮蔽。

按照"从远到近、从上到下、先接地体后带电体"的原则依次拆除绝缘遮蔽，绝缘斗退出有电区域，作业人员返回地面，见图2-143。

图2-143　拆除绝缘遮蔽

e. 施工质量检查。

（a）斗内电工检查拉线与带电体安全距离及杆上施工质量满足要求；

（b）工作负责人指挥斗内电工检查是否有遗留物。

B. 加装或拆除接触式设备（绝缘）套管。

a. 斗内电工进入工作斗。

（a）工作负责人对斗内作业人员穿戴进行检查，见图2-144。

图 2-144　穿戴检查

（b）工作负责人对斗内作业人员安全带挂接情况进行检查，见图 2-145。

图 2-145　安全带挂接检查

（c）地面电工配合将工器具转移至绝缘斗内，注意事项见图2-146。

绝缘毯用绝缘夹加以固定　　工器具应放置在专用的　　斗内作业人员严禁踩踏
　　　　　　　　　　　　　　工具袋（箱）内　　　　　绝缘工器具

图2-146　注意事项

b. 验电。

（a）验电注意事项。

通过验电器自检按钮检查确认良好，见图2-147。

图2-147　验电器自检

（b）验电内容。

斗内电工调整至带电导线横担下侧适当位置，使用验电器按照
"导线→绝缘子→横担"的顺序对带电体及接地体进行验电，确认有
无漏电现象。

（c）将验电结果向工作负责人进行汇报。

若有漏电现象则及时报告工作负责人，终止工作；若无漏电现象则报告工作负责人，正常开展工作。

c. 加装或拆除接触设备套管。

（a）加装接触式设备（绝缘）套管。

a）斗内电工将绝缘斗调整至近边相导线适当位置，按照"从近到远、从下到上、先带电体后接地体"的遮蔽原则对作业范围内的所有带电体和接地体进行绝缘遮蔽，其余两相绝缘遮蔽按照相同方法进行。设置绝缘遮蔽应注意：

绝缘遮蔽组合重叠距离不得小于 15cm，见图 2-148；

图 2-148　重叠距离不小于 15cm

设置导线遮蔽时，防止导线大幅度晃动引起相间短路；

设置导线遮蔽时，注意人体与带电体、接地体安全距离，防止发生人身触电；

设置绝缘遮蔽时，斗内两名电工严禁同时作业。

b）斗内电工将绝缘套管安装到相应导线上，绝缘套管之间应紧密连接，绝缘套管开口向下。

c）其余两相按相同方法进行。

（b）拆除接触式设备（绝缘）套管。

a）斗内电工将绝缘斗调整至近边相导线适当位置，按照"从近到远、从下到上、先带电体后接地体"的遮蔽原则对作业范围内的所有带电体和接地体进行绝缘遮蔽，其余两相绝缘遮蔽按照相同方法进行。设置绝缘遮蔽应注意：

绝缘遮蔽组合重叠距离不得小于 15cm，见图 2-149；

图 2-149　重叠距离不小于 15cm

设置导线遮蔽时，防止导线大幅度晃动引起相间短路；

设置导线遮蔽时，注意人体与带电体、接地体安全距离，防止发生人身触电；

设置绝缘遮蔽时，斗内两名电工严禁同时作业。

b）斗内电工将绝缘斗调整至中间相适当位置，将绝缘套管开口向上，拉到绝缘套管安装工具的导入槽上，拆除中间相导线上绝缘套管。

c）其余两相按相同方法进行。拆除绝缘套管可按先中间相、再远边相、最后近边相的顺序进行。

d. 拆除绝缘遮蔽。

按照"从远到近、从上到下、先接地体后带电体"的原则依次拆除绝缘遮蔽，绝缘斗退出有电区域，作业人员返回地面。

e. 施工质量检查。

工作负责人指挥斗内电工检查是否有遗留物。

C. 加装或拆除故障指示器。

a. 斗内电工进入工作斗。

（a）工作负责人对斗内作业人员穿戴进行检查，见图2-150。

图2-150　穿戴检查

（b）工作负责人对斗内作业人员安全带挂接情况进行检查，见图2-151。

图 2-151　安全带挂接检查

（c）地面电工配合将工器具转移至绝缘斗内，注意事项见图 2-152。

绝缘毯用绝缘夹加以固定

工器具应放置在专用的
工具袋（箱）内

斗内作业人员严禁踩踏
绝缘工器具

图 2-152　注意事项

b. 验电。

（a）验电注意事项。

a）通过验电器自检按钮检查确认良好，见图 2-153；

b）条件允许的情况下，在带电体的裸露部分验电确认验电器良好；

图 2-153 验电器自检

c）将伸缩式验电器全部拉出，确保有效绝缘长度不小于 0.7m，见图 2-154。

图 2-154 有效绝缘长度不小于 0.7m

（b）验电内容。

斗内电工调整至带电导线横担下侧适当位置，使用验电器按照"导线→绝缘子→横担"的顺序对带电体及接地体进行验电，确认有无漏电现象，见图 2-155。

图 2-155　验电

（c）将验电结果向工作负责人进行汇报。

若有漏电现象则及时报告工作负责人，终止工作；若无漏电现象则报告工作负责人，正常开展工作，见图 2-156。

图 2-156　汇报验电结果

c. 加装或拆除故障指示器。

（a）加装故障指示器。

a）斗内电工将绝缘斗调整至近边相导线下，按照"从近到远、从下到上、先带电体后接地体"的遮蔽原则对作业范围内的所有带电体和接地体进行绝缘遮蔽,其余两相绝缘遮蔽按照相同方法进行。设置绝缘遮蔽应注意:

绝缘遮蔽组合重叠距离不得小于 15cm,见图 2-157;

图 2-157 重叠距离不小于 15cm

设置导线遮蔽时,防止导线大幅度晃动引起相间短路,见图 2-158;

图 2-158 防止导线大幅晃动

设置导线遮蔽时，注意人体与带电体、接地体安全距离，防止发生人身触电，见图 2-159；

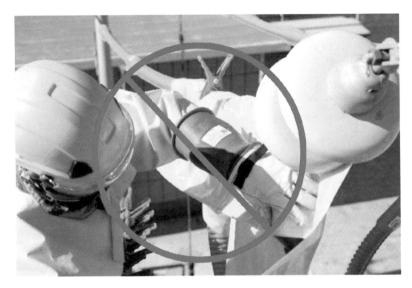

图 2-159　注意安全距离

设置绝缘遮蔽时，斗内两名电工严禁同时作业，见图 2-160。

图 2-160　禁止同时作业

b）斗内电工将绝缘斗调整到中间相导线下侧，将故障指示器安装在导线上，安装完毕后拆除中间相绝缘遮蔽措施。其余两相按相同方法进行，见图 2-161。

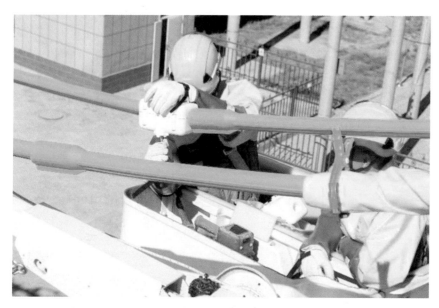

图 2-161 安装故障指示器

c）加装故障指示器应先中间相、再远边相、最后近边相顺序，也可视现场实际情况由远到近依次进行。

（b）拆除故障指示器。

a）斗内电工将绝缘斗调整至近边相导线下，按照"从近到远、从下到上、先带电体后接地体"的遮蔽原则对作业范围内的所有带电体和接地体进行绝缘遮蔽，其余两相绝缘遮蔽按照相同方法进行。设置绝缘遮蔽应注意：

绝缘遮蔽组合重叠距离不得小于 15cm，见图 2-162；

图 2-162　重叠距离不小于 15cm

设置导线遮蔽时，防止导线大幅度晃动引起相间短路，见图 2-163；

图 2-163　防止导线大幅晃动

设置导线遮蔽时，注意人体与带电体、接地体安全距离，防止发生人身触电，见图 2-164；

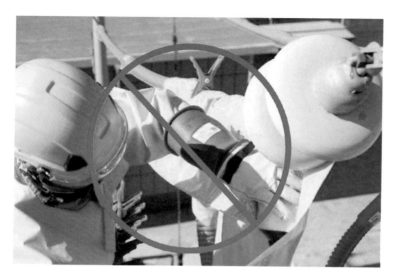

图2-164 注意安全距离

设置绝缘遮蔽时，斗内两名电工严禁同时作业，见图2-165。

图2-165 禁止同时作业

b）斗内电工将绝缘斗调整至中间相导线下侧，将故障指示器拆除，拆除完毕后拆除中间相绝缘遮蔽措施。其余两相按相同方法进行，见图2-166。

图 2-166　拆除故障指示器

　　c）拆除故障指示器应先中间相、再远边相、最后近边相顺序，也可视现场实际情况由远到近依次进行。

　　d. 拆除绝缘遮蔽。

　　按照"从远到近、从上到下、先接地体后带电体"的原则依次拆除绝缘遮蔽，绝缘斗退出有电区域，作业人员返回地面，见图 2-167。

图 2-167　拆除绝缘遮蔽

e. 施工质量检查。

工作负责人指挥斗内电工检查是否有遗留物。

D. 加装或拆除驱鸟器。

a. 斗内电工进入工作斗。

（a）工作负责人对斗内作业人员穿戴进行检查，见图2-168。

图2-168 穿戴检查

（b）工作负责人对斗内作业人员安全带挂接情况进行检查，见图2-169。

图2-169 安全带挂接检查

（c）地面电工配合将工器具转移至绝缘斗内，注意事项见图2-170。

绝缘毯用绝缘夹加以固定　　　工器具应放置在专用的　　　斗内作业人员严禁踩踏
　　　　　　　　　　　　　　　工具袋（箱）内　　　　　　绝缘工器具

图2-170　注意事项

b. 验电。

（a）验电注意事项。

a）通过验电器自检按钮检查确认良好，见图2-171；

图2-171　验电器自检

b）条件允许的情况下，在带电体的裸露部分验电确认验电器良好，见图 2-172；

图 2-172　裸露部分验电

c）将伸缩式验电器全部拉出，确保有效绝缘长度不小于 0.7m，见图 2-173。

图 2-173　有效绝缘长度不小于 0.7m

（b）验电内容。

斗内电工调整至带电导线横担下侧适当位置，使用验电器按照"导线→绝缘子→横担"的顺序对带电体及接地体进行验电，确认有无漏电现象，见图2-174。

图2-174　验电

（c）验电结果向工作负责人进行汇报。

若有漏电现象则及时报告工作负责人，终止工作；若无漏电现象则报告工作负责人，正常开展工作，见图2-175。

c. 加装或拆除驱鸟器。

（a）加装驱鸟器。

a）斗内电工将绝缘斗调整至近边相导线下，按照"从近到远、从下到上、先带电体后接地体"的遮蔽原则对作业范围内的所有带电体和接地体进行绝缘遮蔽，其余两相绝缘遮蔽按照相同方法进行。设置绝缘遮蔽应注意：

图2-175 汇报验电结果

绝缘遮蔽组合重叠距离不得小于15cm，见图2-176；

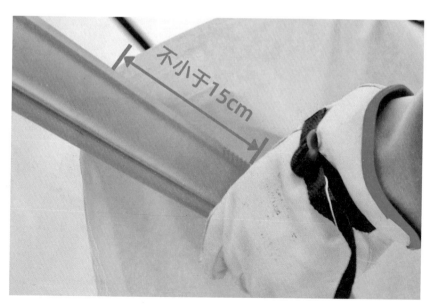

图2-176 重叠距离不小于15cm

设置导线遮蔽时，防止导线大幅度晃动引起相间短路，见图 2-177；

图 2-177　防止导线大幅晃动

设置导线遮蔽时，注意人体与带电体、接地体安全距离，防止发生人身触电，见图 2-178；

图 2-178　注意安全距离

设置绝缘遮蔽时，斗内两名电工严禁同时作业，见图 2-179。

图 2-179　禁止同时作业

b）斗内电工将绝缘斗调整到需安装驱鸟器的横担处，将驱鸟器安装到横担上，并紧固螺栓，见图 2-180。

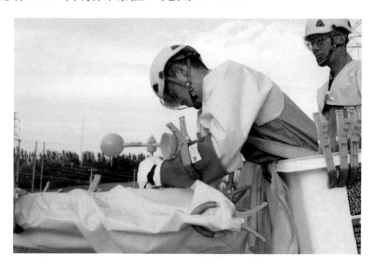

图 2-180　安装驱鸟器

c）加装驱鸟器应按照先远后近的顺序，也可视现场实际情况由近到远依次进行。

（b）拆除驱鸟器。

a）斗内电工将绝缘斗调整至近边相导线下，按照"从近到远、从下到上、先带电体后接地体"的遮蔽原则对作业范围内的所有带电体和接地体进行绝缘遮蔽，其余两相绝缘遮蔽按照相同方法进行。设置绝缘遮蔽应注意：

绝缘遮蔽组合重叠距离不得小于 15cm，见图 2-181；

图 2-181　重叠距离不小于 15cm

设置导线遮蔽时，防止导线大幅度晃动引起相间短路，见图 2-182；

图 2-182　防止导线大幅晃动

设置导线遮蔽时，注意人体与带电体、接地体安全距离，防止发生人身触电，见图 2-183；

图 2-183　注意安全距离

设置绝缘遮蔽时，斗内两名电工严禁同时作业，见图 2-184。

图 2-184　禁止同时作业

b）斗内电工将绝缘斗调整到需拆除驱鸟器的横担处，将驱鸟器螺栓松开，将驱鸟器取下，见图 2-185。

c）拆除驱鸟器应按照先远后近的顺序，也可视现场实际情况由近到远依次进行。

图 2-185　取下驱鸟器

d. 拆除绝缘遮蔽。

按照"从远到近、从上到下、先接地体后带电体"的原则依次拆除绝缘遮蔽，绝缘斗退出有电区域，作业人员返回地面，见图 2-186。

图 2-186　拆除绝缘遮蔽

e. 施工质量检查。

工作负责人指挥斗内电工检查是否有遗留物。

（2）工作终结。

1）工作结束后工作负责人向工作许可人（停送电联系人）汇报工作结束，并办理工作票终结手续，停送电联系人向值班调控人员申请恢复线路重合闸，见图 2-187。

图 2-187　办理工作票终结手续

2）工作负责人组织作业人员清点工器具并清理施工现场，要求做到"工完、料尽、场地清"，见图 2-188。

图 2-188　清理施工现场

（3）召开班后会。

1）工作负责人对施工质量、安全措施落实情况、作业流程进行现场点评。

2）工作负责人对作业人员的熟练程度、规范性进行点评，见图 2-189。

图 2-189　现场点评

（4）资料整理。

1）工作负责人将工作票执行、终结等信息录入 PMS 或其他管理系统，见图 2-190。

图 2-190　工作票录入

2）工作负责人将纸质资料进行归档保管，需归档资料如下：

A. 工作票，见图 2-191；

图 2-191　工作票

B. 现场勘察记录，见图 2-192；

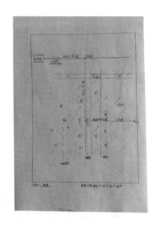

图 2-192　现场勘查记录

C. 作业指导书，见图 2-193。

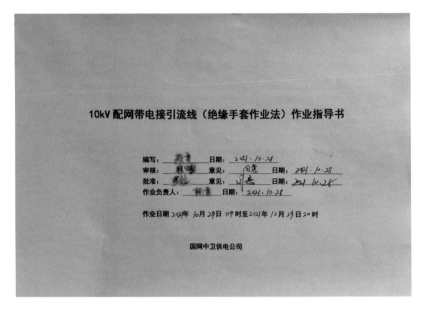

图 2-193　作业指导书

（5）工器具入库。作业结束后，作业人员需将工器具归还入库，并办理入库手续，见图 2-194。

图 2-194　工器具入库

第二节 带电辅助加装或拆除绝缘遮蔽

一、作业基本信息

（1）人员组合。本项目需 4 人，具体分工见表 2-3。

表 2-3 人 员 组 合

人员分工	人数
工作负责人（兼工作监护人）	1 人
斗内电工	2 人
地面电工	1 人

（2）作业方法：绝缘手套作业法。

（3）主要工器具配备，见表 2-4。

表 2-4 工 器 具 配 备

序号	工器具名称		参考图	规格、型号	数量	备注
1	特种车辆	绝缘斗臂车		10kV	1 辆	
2	绝缘防护用具	绝缘手套		10kV	2 副	戴防护手套

序号	工器具名称	参考图	规格、型号	数量	备注
3	绝缘防护用具	绝缘安全帽	10kV	4 顶	
4		绝缘披肩	10kV	2 套	
5		绝缘安全带	10kV	2 副	
6	绝缘遮蔽用具	导线遮蔽罩	10kV	若干	
7		绝缘毯	10kV	若干	
8	绝缘工具	绝缘传递绳	ϕ12mm	2 根	15m

序号	工器具名称	参考图	规格、型号	数量	备注
9	其他　绝缘电阻测试仪		2500V及以上	1套	
10	验电器		10kV	1套	

二、作业过程

（1）操作过程。

1）斗内电工进入工作斗。

A. 工作负责人对斗内作业人员穿戴进行检查，见图 2–195。

图 2–195　穿戴检查

B. 工作负责人对斗内作业人员安全带挂接情况进行检查，见图2-196。

图2-196 安全带挂接检查

C. 地面电工配合将工器具转移至绝缘斗内，注意事项见图2-197。

绝缘毯用绝缘夹加以固定　　工器具应放置在专用的　　斗内作业人员严禁踩踏
　　　　　　　　　　　　　　工具袋（箱）内　　　　　　绝缘工器具

图2-197 注意事项

2）验电。

A. 验电注意事项。

a. 通过验电器自检按钮检查确认良好，见图2-198；

b. 条件允许的情况下，在带电体的裸露部分验电确认验电器良好；

图 2-198 验电器自检

c. 将伸缩式验电器全部拉出，确保有效绝缘长度不小于 0.7m，见图 2-199。

图 2-199 有效绝缘长度不小于 0.7m

B. 验电内容。斗内电工调整至带电导线横担下侧适当位置，使用验电器按照"导线→绝缘子→横担"的顺序对带电体及接地体进行验电，确认有无漏电现象，见图 2-200。

图 2-200　验电

C. 将验电结果向工作负责人进行汇报。若有漏电现象则及时报告工作负责人，终止工作；若无漏电现象则报告工作负责人，正常开展工作，见图 2-201。

图 2-201　汇报验电结果

3）带电辅助加装或拆除绝缘遮蔽。

A. 装设绝缘遮蔽。

a. 斗内电工将绝缘斗调整至近边相导线适当位置，按照"从近到远、从下到上、先带电体后接地体"的遮蔽原则对作业范围内的所有带电体和接地体进行绝缘遮蔽，其余两相按相同方法进行。设置绝缘遮蔽应注意：

（a）设置导线遮蔽时，防止导线大幅度晃动引起相间短路，见图 2-202；

图 2-202　防止导线大幅晃动

（b）设置导线遮蔽时，注意人体与带电体、接地体安全距离，防止发生人身触电，见图 2-203；

图 2-203　注意安全距离

（c）设置绝缘遮蔽时，斗内两名电工严禁同时作业，见图2-204。

图2-204　禁止同时作业

b. 绝缘遮蔽用具的安装，可由简单到复杂、先易后难的原则进行，先近（内侧）后远（外侧），或根据现场情况先两边相、后中间相，遮蔽用具之间的重叠部分不得小于150mm，见图2-205。

c. 绝缘斗退出有电工作区域，作业人员返回地面。

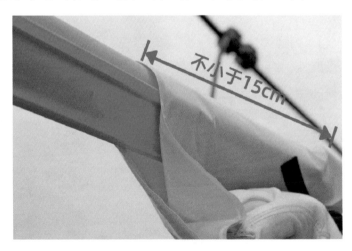

图2-205　遮蔽用具重叠

B. 拆除绝缘遮蔽。

a. 斗内电工将绝缘斗调整至中间相适当位置，将中间相的绝缘遮蔽用具拆除。其余两相按相同方法进行，见图2-206。

图2-206 拆除中间相绝缘遮蔽用具

b. 绝缘遮蔽用具的拆除，按照"从远到近、从上到下、先接地体后带电体"的原则拆除绝缘遮蔽，可由"复杂到简单、先难后易"的原则进行，先中间相、后远边相，最后近边相，也可视现场情况从远到近依次进行。拆除绝缘遮蔽应注意：

（a）拆除导线遮蔽时，防止导线大幅度晃动引起相间短路，见图2-207；

图2-207 防止导线大幅晃动

（b）拆除导线遮蔽时，注意人体与带电体、接地体安全距离，防止发生人身触电，见图 2-208；

图 2-208　注意安全距离

（c）拆除绝缘遮蔽时，斗内两名电工严禁同时作业，见图 2-209。

图 2-209　禁止同时作业

c. 绝缘斗退出有电工作区域，作业人员返回地面。

d. 施工质量检查。

工作负责人指挥斗内电工检查是否有遗留物。

（2）工作终结。

1）工作结束后工作负责人向工作许可人（停送电联系人）汇报工作结束，并办理工作票终结手续，停送电联系人向值班调控人员申请恢复线路重合闸，见图2-210。

图2-210　办理工作票终结手续

2）工作负责人组织作业人员清点工器具并清理施工现场，要求做到"工完、料尽、场地清"，见图2-211。

图2-211　清理施工现场

（3）召开班后会。

1）工作负责人对施工质量、安全措施落实情况、作业流程进行现场点评。

2）工作负责人对作业人员的熟练程度、规范性进行点评，见图 2-212。

图 2-212　现场点评

（4）资料整理。

1）工作负责人将工作票执行、终结等信息录入 PMS 或其他管理系统，见图 2-213。

图 2-213　工作票录入

2）工作负责人将纸质资料进行归档保管，需归档资料如下：

A. 工作票，见图 2-214；

图 2-214 工作票

B. 现场勘察记录，见图 2-215；

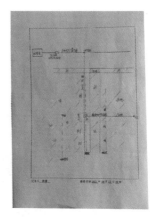

图 2-215 现场勘查记录

C. 作业指导书，见图 2-216。

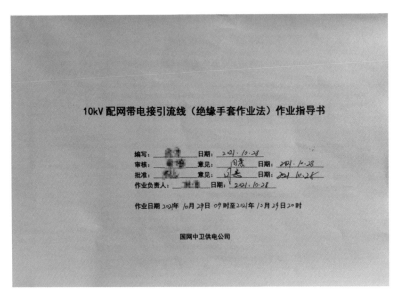

图2-216　作业指导书

（5）工器具入库。作业结束后，作业人员需将工器具归还入库，并办理入库手续，见图2-217。

图2-217　工器具入库

第三节 带电断引流线

一、适用范围

适用于断开断设备引流线、分支线路（含直线耐张）引流线。

二、作业基本信息

（1）人员组合。本项目需 4 人，具体分工见表 2-5。

表 2-5　　　　　　　人 员 组 合

人员分工	人数
工作负责人（兼工作监护人）	1 人
斗内电工	2 人
地面电工	1 人

（2）作业方法：绝缘手套作业法。

（3）主要工器具配备，见表 2-6。

表 2-6　　　　　　　工 器 具 配 备

序号	工器具名称		参考图	规格、型号	数量	备注
1	特种车辆	绝缘斗臂车		10kV	1 辆	

序号	工器具名称		参考图	规格、型号	数量	备注
2		绝缘手套		10kV	2 双	戴防护手套
3		绝缘安全帽		10kV	4 顶	
4	绝缘防护用具	绝缘披肩		10kV	2 套	
5		绝缘安全带		10kV	2 副	
6		防穿刺手套		10kV	若干	

序号	工器具名称	参考图	规格、型号	数量	备注
7	绝缘遮蔽用具 / 导线遮蔽罩		10kV	若干	
8	引流线遮蔽罩		10kV	若干	
9	绝缘毯		10kV	若干	
10	绝缘工具 / 绝缘传递绳		12mm	1根	15m
11	绝缘测量杆		10kV	1副	
12	导线清扫刷		10kV	1副	
13	绝缘断线剪		10kV	1副	

续表

序号	工器具名称		参考图	规格、型号	数量	备注
14	绝缘工具	绝缘蚕丝绳		10kV	若干	
15		绝缘线夹		10kV	若干	
16	其他	绝缘电阻测试仪		2500V及以上	1套	
17		验电器		10kV	1套	
18		风速计		10kV	1套	
19		旋切剥线钳		10kV	1套	
20		并沟线夹		10kV	若干	

三、作业过程

（1）操作过程。

1）断开断设备引流线。

A. 斗内电工进入工作斗。

a. 工作负责人对斗内作业人员穿戴进行检查，见图2-218。

图2-218　穿戴检查

b. 工作负责人对斗内作业人员安全带挂接情况进行检查，见图2-219。

图2-219　安全带挂接检查

c. 地面电工配合将工器具转移至绝缘斗内，注意事项见图 2-220。

绝缘毯用绝缘夹加以固定　　工器具应放置在专用的　　斗内作业人员严禁踩踏
　　　　　　　　　　　　　　工具袋（箱）内　　　　　　绝缘工器具

图 2-220　注意事项

B. 验电。

a. 验电注意事项。

（a）通过验电器自检按钮检查确认良好，见图 2-221；

图 2-221　验电器自检

（b）条件允许的情况下，在带电体的裸露部分验电确认验电器良好；

（c）将伸缩式验电器全部拉出，确保有效绝缘长度不小于 0.7m，见图 2-222。

图 2-222 有效绝缘长度不小于 0.7m

b. 验电内容。

斗内电工调整至带电导线横担下侧适当位置，使用验电器按照"导线→绝缘子→横担"的顺序对带电体及接地体进行验电，确认有无漏电现象，见图 2-223。

图 2-223 验电

c. 将验电结果向工作负责人进行汇报。

若有漏电现象则及时报告工作负责人，终止工作；若无漏电现象则报告工作负责人，正常开展工作，见图 2-224。

图 2-224　汇报验电结果

C. 设置绝缘遮蔽。按照"从近到远、从下到上、先带电体后接地体"的原则，依次设置绝缘遮蔽。设置绝缘遮蔽应注意：

a. 绝缘遮蔽组合重叠距离不得小于 15cm，见图 2-225；

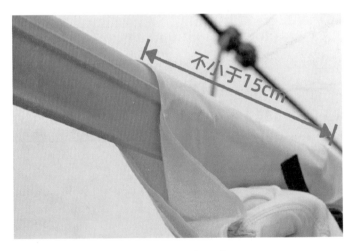

图 2-225　重叠距离不小于 15cm

b. 设置导线遮蔽时，防止导线大幅度晃动引起相间短路，见图 2-226；

图 2-226 防止导线大幅晃动

c. 设置导线遮蔽时，注意人体与带电体、接地体安全距离，防止发生人身触电，见图 2-227；

图 2-227 注意安全距离

d. 设置绝缘遮蔽时，斗内两名电工严禁同时作业，见图 2-228。

图 2-228 禁止同时作业

D. 断引流线。

a. 斗内电工调整工作斗至近边相适当位置，将上引线临时固定，然后拆除线夹，见图 2-229、图 2-230。

图 2-229 固定上引线

图 2-230 拆除线夹

b. 斗内电工调整工作位置后，将上引线线头脱离主导线，妥善固定。恢复主导线绝缘遮蔽，见图 2-231。

c. 其余两相断开上引线工作按相同方法进行。在三相引线未全部拆除前，已拆除的引线视为有电，待三相上引线全部拆除后方可拆除设备搭接部位引线。三相上引线的拆除顺序，按照"先易后难、先近后远"的原则，先拆除两边相后拆除中间相，见图 2-232。

图 2-231　及时恢复主导线、引流线绝缘遮蔽

图 2-232　拆除设备搭接部位引线

E. 拆除绝缘遮蔽。按照"从远到近、从上到下、先接地体后带电体"的原则依次拆除绝缘遮蔽，绝缘斗退出有电工作区域，作业人员返回地面，见图 2-233。

F. 施工质量检查。工作负责人指挥斗内电工检查是否有遗留物。

2）断分支线路（含直线耐张）引流线。

A. 工作负责人确认待断引流线后段线路空载或负荷已转为冷备状态。

B. 斗内电工进入斗内。

图 2-233　拆除绝缘遮蔽

a. 工作负责人对斗内作业人员穿戴进行检查，见图 2-234。

图 2-234　穿戴检查

b. 工作负责人对斗内作业人员安全带挂接情况进行检查，见图 2-235。

图 2-235　安全带挂接检查

c. 地面电工配合将工器具转移至绝缘斗内,注意事项见图 2-236。

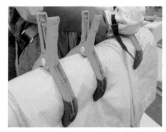

绝缘毯用绝缘夹加以固定

工器具应放置在专用的
工具袋（箱）内

斗内作业人员严禁踩踏
绝缘工器具

图 2-236　注意事项

C. 验电。

a. 验电注意事项。

（a）通过验电器自检按钮检查确认良好，见图 2-237；

（b）条件允许的情况下，在带电体的裸露部分验电确认验电器良好；

（c）将伸缩式验电器全部拉出，确保有效绝缘长度不小于 0.7m，见图 2-238。

图 2-237　验电器自检

图 2-238　有效绝缘长度不小于 0.7m

b. 验电内容。

斗内电工调整至带电导线横担下侧适当位置，使用验电器按照"导线→绝缘子→横担"的顺序对带电体及接地体进行验电，确认有无漏电现象。

c. 将验电结果向工作负责人进行汇报。

若有漏电现象则及时报告工作负责人，终止工作；若无漏电现象则报告工作负责人，正常开展工作，见图2-239。

图2-239 汇报验电结果

D. 设置绝缘遮蔽。按照"从近到远、从下到上、先带电体后接地体"的原则，依次设置绝缘遮蔽。设置绝缘遮蔽应注意：

a. 绝缘遮蔽组合重叠距离不得小于15cm，见图2-240；

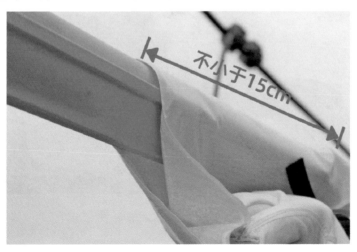

图2-240 重叠距离不小于15cm

b. 设置导线遮蔽时，防止导线大幅度晃动引起相间短路，见图 2-241；

图 2-241　防止导线大幅晃动

c. 设置导线遮蔽时，注意人体与带电体、接地体安全距离，防止发生人身触电，见图 2-242；

图 2-242　注意安全距离

d. 设置绝缘遮蔽时，斗内两名电工严禁同时作业，见图 2-243。

图 2-243　禁止同时作业

E. 断引流线。

a. 斗内电工调整工作斗至近边相适当位置,使用钳型电流表测量空载电流,确认空载电流不大于 0.1A 后,将上引线临时固定,拆除线夹❶,见图 2-244。

图 2-244　测量引流线空载电流

---

❶ 若空载电流大于 0.1A,应使用专用的消弧开关(注意:断引流线前须确认引流线后段线路空载或负荷转为冷备状态)。

b. 斗内电工调整工作位置后，将上引线线头脱离主导线，妥善固定。恢复主导线绝缘遮蔽，见图2-245。

图2-245　拆除引流线固定线夹

c. 其余两相断开上引线工作按相同方法进行。三相上引线的拆除顺序，按照"先易后难、先近后远"的原则，先拆除两边相后拆除中间相。在三相引线未全部拆除前，已拆除的引线视为有电，待三相上引线全部拆除后方可拆除全部引线。

d. 当主导线为绝缘线且引线不需再恢复时，应恢复主导线的绝缘层（使用绝缘包材）。

F. 拆除绝缘遮蔽。按照"从远到近、从上到下、先接地体后带电体"的原则依次拆除绝缘遮蔽，绝缘斗退出有电区域，作业人员返回地面，见图2-246。

G. 施工质量检查。工作负责人指挥斗内电工检查是否有遗留物。

（2）工作终结。

1）工作结束后工作负责人向工作许可人（停送电联系人）汇报工作结束，并办理工作票终结手续，停送电联系人向值班调控人员申请恢复线路重合闸，见图 2-247。

图 2-246 拆除绝缘遮蔽

图 2-247 办理工作票终结手续

2）工作负责人组织作业人员清点工器具并清理施工现场，要求做到"工完、料尽、场地清"，见图 2-248。

图 2-248　清理施工现场

（3）召开班后会。

1）工作负责人对施工质量、安全措施落实情况、作业流程进行现场点评。

2）工作负责人对作业人员的熟练程度、规范性进行点评，见图 2-249。

图 2-249　现场点评

（4）资料整理。

1）工作负责人将工作票执行、终结等信息录入 PMS 或其他管理系统，见图 2-250。

图 2-250　工作票录入

2）工作负责人将纸质资料进行归档保管，需归档资料如下：

A. 工作票，见图 2-251；

图 2-251　工作票

B. 现场勘察记录，见图 2-252；

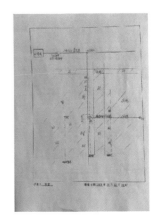

图 2-252　现场勘查记录

C. 作业指导书，见图 2-253。

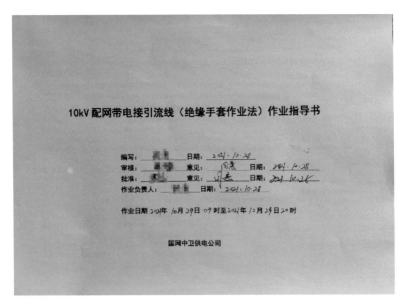

图 2-253　作业指导书

（5）工器具入库。作业结束后，作业人员需将工器具归还入库，并办理入库手续，见图 2-254。

图 2-254 工器具入库

第四节 带电接引流线

一、适用范围

适用于接开断设备引流线、接分支线路（含直线耐张）引流线。

二、作业基本信息

（1）人员组合。本项目需 4 人，具体分工见表 2-7。

表 2-7 人 员 组 合

人员分工	人数
工作负责人（兼工作监护人）	1 人
斗内电工	2 人
地面电工	1 人

（2）作业方法：绝缘手套作业法。

（3）主要工器具配备，见表 2-8。

表 2-8 工 器 具 配 备

序号	工器具名称		参考图	规格、型号	数量	备注
1	特种车辆	绝缘斗臂车		10kV	1 辆	
2	绝缘防护用具	绝缘手套		10kV	2 双	戴防护手套
3		绝缘安全帽		10kV	4 顶	
4		绝缘披肩		10kV	2 套	
5		绝缘安全带		10kV	2 副	

序号	工器具名称		参考图	规格、型号	数量	备注
6	绝缘防护用具	防穿刺手套		10kV	若干	
7		导线遮蔽罩		10kV	若干	
8	绝缘遮蔽用具	引流线遮蔽罩		10kV	若干	
9		绝缘毯		10kV	若干	
10		绝缘传递绳		12mm	1根	15m
11	绝缘工具	绝缘测量杆		10kV	1副	
12		导线清扫刷		10kV	1副	

序号	工器具名称		参考图	规格、型号	数量	备注
13	绝缘工具	绝缘断线剪		10kV	1 副	
14		绝缘蚕丝绳		10kV	若干	
15		绝缘线夹		10kV	若干	
16	其他	绝缘电阻测试仪		2500V及以上	1 套	
17		验电器		10kV	1 套	
18		风速计		10kV	1 套	
19		旋切剥线钳		10kV	1 套	

续表

序号	工器具名称		参考图	规格、型号	数量	备注
20	其他	并沟线夹		10kV	若干	

三、作业过程

（1）操作过程。

1）接开断设备引流线。

A. 斗内电工进入工作斗。

a. 工作负责人对斗内作业人员穿戴进行检查，见图 2–255。

图 2–255　穿戴检查

b. 工作负责人对斗内作业人员安全带挂接情况进行检查，见图 2-256。

图 2-256　安全带挂接检查

c. 地面电工配合将工器具转移至绝缘斗内，注意事项见图 2-257。

绝缘毯用绝缘夹加以固定　　工器具应放置在专用的　　斗内作业人员严禁踩踏
　　　　　　　　　　　　　　工具袋（箱）内　　　　　绝缘工器具

图 2-257　注意事项

B. 验电。

a. 验电注意事项。

（a）通过验电器自检按钮检查确认良好，见图 2-258；

图 2-258 验电器自检

（b）条件允许的情况下，在带电体的裸露部分验电确认验电器良好；

（c）将伸缩式验电器全部拉出，确保有效绝缘长度不小于 0.7m，见图 2-259。

图 2-259 有效绝缘长度不小于 0.7m

b. 验电内容。

斗内电工调整至带电导线横担下侧适当位置，使用验电器按照"导线→绝缘子→横担"的顺序对带电体及接地体进行验电，确认有无漏电现象，见图 2-260。

图 2-260　验电

c. 将验电结果向工作负责人进行汇报。

若有漏电现象则及时报告工作负责人，终止工作；若无漏电现象则报告工作负责人，正常开展工作，见图 2-261。

图 2-261　汇报验电结果

C. 设置绝缘遮蔽。按照"从近到远、从下到上、先带电体后接地体"的原则，依次设置绝缘遮蔽。设置绝缘遮蔽应注意：

a. 绝缘遮蔽组合重叠距离不得小于15cm，见图2-262；

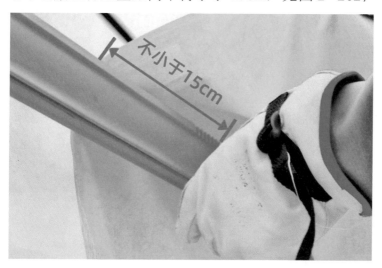

图2-262 重叠距离不小于15cm

b. 设置导线遮蔽时，防止导线大幅度晃动引起相间短路，见图2-263；

图2-263 防止导线大幅晃动

c. 设置导线遮蔽时，注意人体与带电体、接地体安全距离，防止发生人身触电，见图2-264；

图2-264　注意安全距离

d. 设置绝缘遮蔽时，斗内两名电工严禁同时作业，见图2-265。

图2-265　禁止同时作业

D. 测距及制作引线。

a. 用绝缘测量杆测量三相引线长度，见图2-266。

图 2-266　制作引线

b. 地面电工按照测量数据制作引线。应注意：

（a）引线长度应根据实测长度加上预留弧度的长度确定；

（b）引线需做好相色标记，见图 2-267。

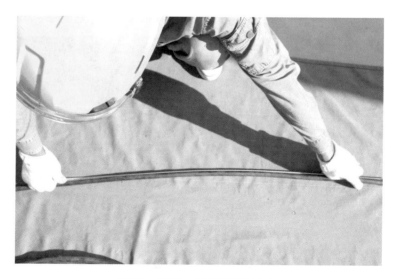

图 2-267　测量引线长度

E. 接入引流线。

a. 剥除中相导线绝缘层，并清除氧化层。剥除长度在 15～20cm 范围内，具体长度应与待安装的线夹宽度相匹配，见图 2-268。

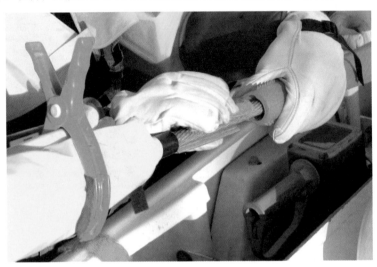

图 2-268　清除氧化层

b. 接中相引流线：

（a）对引流线进行试搭接，确定引流线长度，见图 2-269；

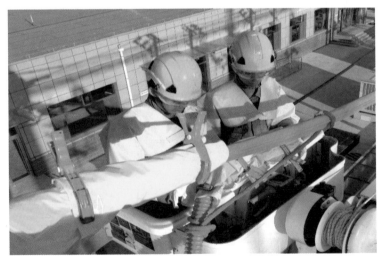

图 2-269　引流线试搭接

（b）剥除引流线搭接处绝缘层。剥除长度在 15～20cm 范围内，具体长度应与待安装的线夹宽度相匹配，见图 2-270；

图 2-270　剥除绝缘层

（c）妥善固定引线后，用并沟线夹将引流线与导线连接牢固，恢复并沟线夹处绝缘密封，见图 2-271；

图 2-271　连接导线与引流线

（d）恢复绝缘遮蔽，绝缘遮蔽组合重叠距离不得小于 15cm，见图 2-272；

图 2-272　恢复绝缘遮蔽

（e）由工作负责人指挥斗内电工对引流线弧度进行调整，见图 2-273。

图 2-273　调整引流线弧度

c. 其余两相引线连接按相同方法进行。开断设备（跌落式熔断器、柱上开关、隔离开关等）三相引线的搭接顺序，按照"先难后易、先远后近"的原则，先搭接中间相后搭接两边相。一般，导线呈三角形排列时，先搭接中间相后搭接两边相；导线呈水平排列时，既可按上述原则搭接，也可按"逐步后退"的顺序搭接。

d. 在工作斗作业过程中，对可能触及范围内的高低压带电部件需进行绝缘遮蔽，包括已完成接入的引流线。遮蔽依据：人体和带电体的距离小于 40cm，相间距离小于 60cm。

F. 拆除绝缘遮蔽。按照"从远到近、从上到下、先接地体后带电体"的原则依次拆除绝缘遮蔽，绝缘斗退出有电工作区域，作业人员返回地面，见图 2-274。

图 2-274　拆除绝缘遮蔽

G. 施工质量检查。

a. 检查引流线与接地体的安全距离，相间距离不小于 30cm，相地距离不小于 20cm；

b. 工作负责人指挥斗内电工检查是否有遗留物。

2）接分支线路（含直线耐张）引流线。

A. 确认待接入分支线路所有断路器、隔离开关已断开，变压器、电压互感器已退出运行，查明线路确无接地、绝缘良好、线路上无人工作且相位确认无误后，方可进行带电接引流线工作。

B. 斗内电工进入工作斗。

a. 工作负责人对斗内作业人员穿戴进行检查，见图 2-275。

图 2-275　穿戴检查

b. 工作负责人对斗内作业人员安全带挂接情况进行检查，见图 2-276。

图 2-276　安全带挂接检查

c. 地面电工配合将工器具转移至绝缘斗内,注意事项见图 2-277。

绝缘毯用绝缘夹加以固定　　　工器具应放置在专用的　　　斗内作业人员严禁踩踏
　　　　　　　　　　　　　　　　工具袋（箱）内　　　　　　绝缘工器具

图 2-277　注意事项

C. 验电。

a. 验电注意事项。

（a）通过验电器自检按钮检查确认良好，见图 2-278;

图 2-278　验电器自检

（b）条件允许的情况下，在带电体的裸露部分验电确认验电器良好；

（c）将伸缩式验电器全部拉出，确保有效绝缘长度不小于 0.7m。

b. 验电内容。

斗内电工调整至带电导线横担下侧适当位置，使用验电器按照"导线→绝缘子→横担"的顺序对带电体及接地体进行验电，确认有无漏电现象。

c. 将验电结果向工作负责人进行汇报。

若有漏电现象则及时报告工作负责人，终止工作；若无漏电现象则报告工作负责人，正常开展工作。

D. 设置绝缘遮蔽。按照"从近到远、从下到上、先带电体后接地体"的原则，依次设置绝缘遮蔽。设置绝缘遮蔽应注意：

a. 绝缘遮蔽组合重叠距离不得小于 15cm，见图 2-279；

图 2-279　重叠距离不小于 15cm

b. 设置导线遮蔽时，防止导线大幅度晃动引起相间短路，见图 2-280；

图 2-280　防止导线大幅晃动

c. 设置导线遮蔽时，注意人体与带电体、接地体安全距离，防止发生人身触电，见图 2-281；

图 2-281　注意安全距离

d. 设置绝缘遮蔽时，斗内两名电工严禁同时作业，见图 2-282。

E. 测距及制作引线。

a. 用绝缘测量杆测量三相引线长度。

b. 地面电工按照测量数据制作引线。应注意：

（a）引线长度应根据实测长度加上预留弧度的长度确定；

（b）引线需做好相色标记，见图2-283。

图 2-282　禁止同时作业

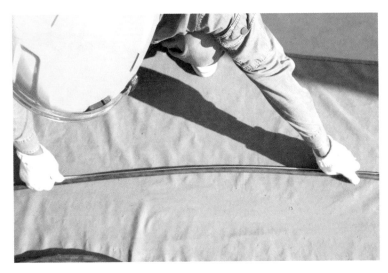

图 2-283　测量引线长度

F. 接入引流线。

a. 剥除中相导线绝缘层，并清除氧化层。剥除长度在 15～20cm

范围内，具体长度应与待安装的线夹宽度相匹配，见图2-284。

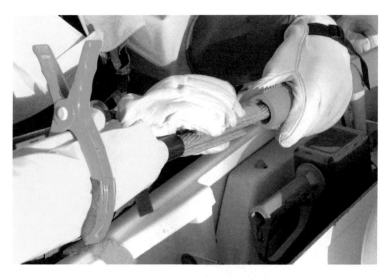

图2-284 清除氧化层

b. 接中相引流线：

（a）对引流线进行试搭接，确定引流线长度，并截除多余部分，见图2-285；

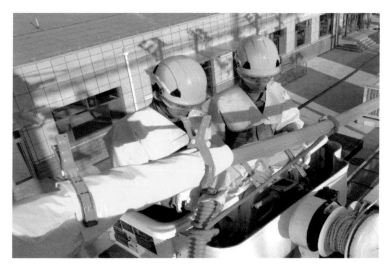

图2-285 引流线试搭接

（b）剥除引流线搭接处绝缘层。剥除长度在 15～20cm 范围内，具体长度应与待安装的线夹宽度相匹配，见图 2-286；

图 2-286　剥除绝缘层

（c）妥善固定引线后，用并沟线夹将引流线与导线连接牢固，恢复并沟线夹处绝缘密封，见图 2-287；

图 2-287　连接导线与引流线

（d）恢复绝缘遮蔽，绝缘遮蔽组合重叠距离不得小于 15cm，见图 2-288；

图 2-288 恢复绝缘遮蔽

（e）由工作负责人指挥斗内电工对引流线弧度进行调整，见图 2-289。

图 2-289 调整引流线弧度

c. 其余两相引线连接按相同方法进行。三相引线的搭接顺序，按照"先难后易、先远后近"的原则，先搭接中间相后搭接两边相。一般，导线呈三角形排列时，先搭接中间相后搭接两边相；导线呈水平排列时，既可按上述原则搭接，也可按"逐步后退"的顺序搭接。

d. 在工作斗作业过程中，对可能触及范围内的高低压带电部件需进行绝缘遮蔽，包括已完成接入的引流线。遮蔽依据：人体和带电体的距离小于40cm，相间距离小于60cm。

G. 拆除绝缘遮蔽。按照"从远到近、从上到下、先接地体后带电体"的原则依次拆除绝缘遮蔽，绝缘斗退出有电区域，作业人员返回地面，见图2-290。

图2-290　拆除绝缘遮蔽

H. 施工质量检查。

a. 检查引流线与接地体的安全距离，相间距离不小于30cm，相地距离不小于20cm；

b. 工作负责人指挥斗内电工检查是否有遗留物。

（2）工作终结。

1）工作结束后工作负责人向工作许可人（停送电联系人）汇报工

作结束，并办理工作票终结手续，停送电联系人向值班调控人员申请恢复线路重合闸，见图2-291。

图2-291 办理工作票终结手续

2）工作负责人组织作业人员清点工器具并清理施工现场，要求做到"工完、料尽、场地清"，见图2-292。

图2-292 清理施工现场

（3）召开班后会。

1）工作负责人对施工质量、安全措施落实情况、作业流程进行现场点评。

2）工作负责人对作业人员的熟练程度、规范性进行点评，见图 2-293。

图 2-293　现场点评

（4）资料整理。

1）工作负责人将工作票执行、终结等信息录入 PMS 或其他管理系统，见图 2-294。

图 2-294　工作票录入

2）工作负责人将纸质资料进行归档保管，需归档资料如下：

A. 工作票，见图 2-295；

图 2-295 工作票

B. 现场勘察记录，见图 2-296；

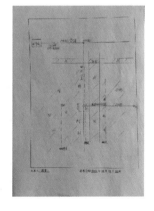

图 2-296 现场勘查记录

C. 作业指导书，见图 2-297。

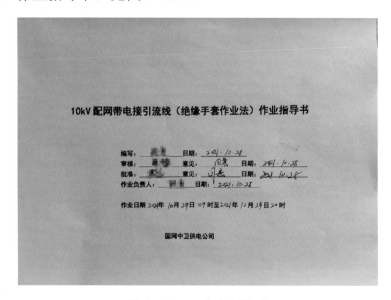

图 2-297　作业指导书

（5）工器具入库。作业结束后，作业人员需将工器具归还入库，并办理入库手续，见图 2-298。

图 2-298　工器具入库

第五节　带电更换避雷器

一、作业基本信息

（1）人员组合。本项目需 4 人，具体分工见表 2-9。

表 2-9　　　　　　　　　　人　员　组　合

人员分工	人数
工作负责人	1 人
斗内电工	2 人
地面电工	1 人

（2）作业方法：绝缘手套作业法。

（3）主要工器具配备，见表 2-10。

表 2-10　　　　　　　　　　工　器　具　配　备

序号	工器具名称		参考图	规格、型号	数量	备注
1	特种车辆	绝缘斗臂车		10kV	1 辆	
2	绝缘防护用具	绝缘手套		10kV	2 双	戴防护手套

序号	工器具名称	参考图	规格、型号	数量	备注
3		绝缘安全帽	10kV	4 顶	
4	绝缘防护用具	绝缘披肩	10kV	2 套	
5		绝缘安全带	10kV	2 副	
6	绝缘遮蔽用具	绝缘挡板	10kV	2 个	
7	绝缘工具	绝缘传递绳	φ12mm	1 根	15m

续表

序号	工器具名称	参考图	规格、型号	数量	备注
8	其他	绝缘电阻测试仪		2500V及以上	1套	
9		验电器		10kV	1套	

二、作业过程

（1）操作过程。

1）核验待接入避雷器的试验报告及合格证

2）斗内电工进入工作斗。

A. 工作负责人对斗内作业人员穿戴进行检查，见图2-299。

图2-299 穿戴检查

B. 工作负责人对斗内作业人员安全带挂接情况进行检查，见图 2-300。

图 2-300　安全带挂接检查

C. 地面电工配合将工器具转移至绝缘斗内，注意事项见图 2-301。

绝缘毯用绝缘夹加以固定　　工器具应放置在专用的　　斗内作业人员严禁踩踏
　　　　　　　　　　　　　　工具袋（箱）内　　　　　绝缘工器具

图 2-301　注意事项

3）验电。

A. 验电注意事项。

a. 通过验电器自检按钮检查确认良好，见图 2-302；

图 2-302　验电器自检

b. 条件允许的情况下，在带电体的裸露部分验电确认验电器良好；

c. 将伸缩式验电器全部拉出，确保有效绝缘长度不小于 0.7m，见图 2-303。

图 2-303　有效绝缘长度不小于 0.7m

B. 验电内容。斗内电工调整至带电导线横担下侧适当位置，使用验电器按照"导线→绝缘子→横担"的顺序对带电体及接地体进行验电，确认有无漏电现象，见图 2-304。

图 2-304　验电

C. 将验电结果向工作负责人进行汇报。若有漏电现象则及时报告工作负责人，终止工作；若无漏电现象则报告工作负责人，正常开展工作，见图 2-305。

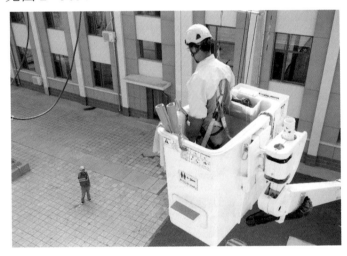

图 2-305　汇报验电结果

4）带电更换避雷器。

A. 斗内电工按照"从近到远、从下到上、先带电体后接地体"的遮蔽原则对作业范围内的所有带电体和接地体进行绝缘遮蔽。设置绝缘遮蔽应注意：

a. 设置导线遮蔽时，防止导线大幅度晃动引起相间短路，见图 2-306；

图 2-306　防止导线大幅晃动

b. 设置导线遮蔽时，注意人体与带电体、接地体安全距离，防止发生人身触电，见图 2-307；

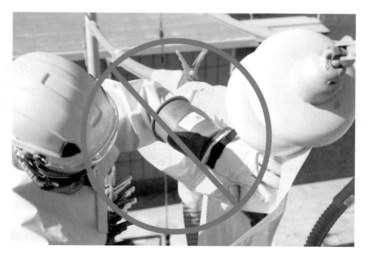

图 2-307　注意安全距离

c. 设置绝缘遮蔽时，斗内两名电工严禁同时作业，见图 2-308。

图 2-308　禁止同时作业

B. 斗内电工将绝缘斗调整至避雷器横担下适当位置，将近边相避雷器引线从主导线（或其他搭接部位）拆除，妥善固定引线（可使用断线剪剪除引线或使用扳手拆除线夹、螺栓），见图 2-309、图 2-310。

图 2-309　固定引线

图 2-310　拆除避雷器

C. 其余两相避雷器退出运行按相同方法进行。三相避雷器的拆除顺序，按照"先易后难、先近后远"的原则，先拆除两边相后拆除中间相。

D. 斗内电工更换避雷器，在避雷器接线柱上安装好引线并妥善固定，恢复绝缘遮蔽隔离措施，见图 2-311。

图 2-311　更换避雷器

E. 斗内电工将绝缘斗调整至避雷器横担下适当位置，安装三相避雷器接地线。在试搭接后，将中间相避雷器上引线与主导线进行搭接，见图 2-312。

图 2-312　安装避雷器接地线

F. 其余两相避雷器上引线与主导线的搭接按相同的方法进行。三相避雷器上引线与主导线的搭接顺序，按照"先难后易、先远后近"的原则，先搭接中间相后搭接两边相。

5）拆除绝缘遮蔽。按照"从远到近、从上到下、先接地体后带电体"的原则依次拆除绝缘遮蔽，绝缘斗退出有电区域，作业人员返回地面，见图 2-313。

图 2-313　拆除绝缘遮蔽

6）施工质量检查。

A. 工作负责人指挥斗内电工检查施工质量是否满足要求；

B. 工作负责人指挥斗内电工检查是否有遗留物。

（2）工作终结。

1）工作结束后工作负责人向工作许可人（停送电联系人）汇报工作结束，并办理工作票终结手续，停送电联系人向值班调控人员申请恢复线路重合闸，见图 2-314。

图 2-314　办理工作票终结手续

2）工作负责人组织作业人员清点工器具并清理施工现场，要求做到"工完、料尽、场地清"，见图 2-315。

图 2-315　清理施工现场

（3）召开班后会。

1）工作负责人对施工质量、安全措施落实情况、作业流程进行现场点评。

2）工作负责人对作业人员的熟练程度、规范性进行点评，见图 2-316。

图 2-316　现场点评

（4）资料整理。

1）工作负责人将工作票执行、终结等信息录入 PMS 或其他管理系统，见图 2-317。

图 2-317　工作票录入

2）工作负责人将纸质资料进行归档保管，需归档资料如下：

A. 工作票，见图 2-318；

图 2-318 工作票

B. 现场勘察记录，见图 2-319；

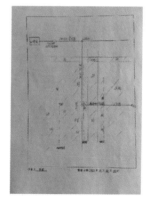

图 2-319 现场勘查记录

C. 作业指导书，见图2-320。

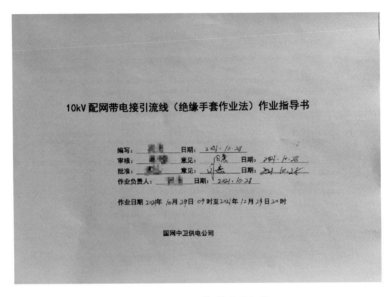

图2-320　作业指导书

（5）工器具入库。作业结束后，作业人员需将工器具归还入库，并办理入库手续，见图2-321。

图2-321　工器具入库

第六节 带电更换熔断器

一、作业基本信息

（1）人员组合。本项目需 4 人，具体分工见表 2-11。

表 2-11 人 员 组 合

人员分工	人数
工作负责人（兼工作监护人）	1 人
斗内电工	2 人
地面电工	1 人

（2）作业方法：绝缘手套作业法。

（3）主要工器具配备，见表 2-12。

表 2-12 工 器 具 配 备

序号	工器具名称		参考图	规格、型号	数量	备注
1	特种车辆	绝缘斗臂车		10kV	1 辆	
2	绝缘防护用具	绝缘手套		10kV	2 双	戴防护手套

序号	工器具名称	参考图	规格、型号	数量	备注
3	绝缘防护用具		10kV	4 顶	
4	绝缘披肩		10kV	2 套	
5	绝缘安全带		10kV	2 副	
6	导线遮蔽罩		10kV	6 根	
7	绝缘遮蔽用具 绝缘挡板		10kV	2 个	
8	绝缘毯		10kV	若干	

（序号3为绝缘安全帽）

214

续表

序号	工器具名称		参考图	规格、型号	数量	备注
9	绝缘工具	绝缘传递绳		ϕ12mm	1 根	15m
10		绝缘绳			3 根	1m
11	其他	绝缘电阻测试仪		2500V 及以上	1 套	
12		验电器		10kV	1 套	
13		电动扳手			1 副	

二、作业过程

（1）操作过程。

1）核验待接入熔断器的试验报告及合格证。

2）工作负责人确认待更换跌落式熔断器熔管确已摘下。

3）斗内电工进入斗。

A. 工作负责人对斗内作业人员穿戴进行检查，见图 2-322。

图 2-322　穿戴检查

B. 工作负责人对斗内作业人员安全带挂接情况进行检查，见图 2-323。

图 2-323　安全带挂接检查

C. 地面电工配合将工器具转移至绝缘斗内，注意事项见图 2-324。

绝缘毯用绝缘夹加以固定

工器具应放置在专用的
工具袋（箱）内

斗内作业人员严禁踩踏
绝缘工器具

图 2-324 注意事项

4）验电。

A. 验电注意事项。

a. 通过验电器自检按钮检查确认良好，见图 2-325；

图 2-325 验电器自检

b. 条件允许的情况下，在带电体的裸露部分验电确认验电器良好；

c. 将伸缩式验电器全部拉出，确保有效绝缘长度不小于 0.7m，见图 2-326。

图2-326　有效绝缘长度不小于0.7m

B. 验电内容。斗内电工调整至带电导线横担下侧适当位置，使用验电器按照"导线→绝缘子→横担"的顺序对带电体及接地体进行验电，确认有无漏电现象，见图2-327。

图2-327　验电

C. 将验电结果向工作负责人进行汇报。若有漏电现象则及时报告工作负责人，终止工作；若无漏电现象则报告工作负责人，正常开展工作，见图 2-328。

图 2-328　汇报验电结果

5）带电更换熔断器。

A. 更换三相熔断器。

a. 斗内电工将绝缘斗调整至近边相熔断器上引线外侧适当位置，按照"从近到远、从下到上、先带电体后接地体"的遮蔽原则对作业范围内的所有带电体和接地体进行绝缘遮蔽，其余两相绝缘遮蔽按相同方法进行，三相的绝缘遮蔽次序应先两边相、再中间相。设置绝缘遮蔽应注意：

（a）设置导线遮蔽时，防止导线大幅度晃动引起相间短路，见图 2-329；

图 2-329　防止导线大幅晃动

（b）设置导线遮蔽时，注意人体与带电体、接地体安全距离，防止发生人身触电，见图 2-330；

图 2-330　注意安全距离

（c）设置绝缘遮蔽时，斗内两名电工严禁同时作业，见图 2-331。

b. 将上引线可靠固定后，斗内电工以最小范围打开近边相绝缘遮蔽，拆除引流线线夹，并及时恢复主导线与引流线的绝缘遮蔽。其余两相按照相同方法逐相拆除引流线线夹。拆除顺序：若导线呈三角形排列时，按照"由下到上"的顺序，依次拆除两边相及中间相上引线线夹；若导线呈水平排列时，既可按"先边相后中相"的顺序依次拆除两边相及中间相上引线线夹，也可按"由近及远"的顺序依次拆除三相上引线线夹，见图2-332。

图2-331　禁止同时作业

图2-332　拆除引流线线夹

c. 斗内电工拆除三相熔断器上、下引线。更换熔断器（未安装熔管），连接好上、下引线，见图2-333。

图2-333　更换熔断器

d. 斗内电工将绝缘斗调整到合适位置，恢复三相上引线遮蔽，并妥善固定三相上引线，见图2-334。

图2-334　恢复绝缘遮蔽并固定的上引线

e. 对三相上引线分别进行试搭接，确定引流线长度，见图 2-335。

图 2-335　引流线试搭接

f. 按照"先中间相、后两边相"的原则，依次用并沟线夹将上引线与主导线连接牢固，恢复并沟线夹处绝缘密封。一般，导线呈三角形排列时，先搭接中间相后搭接两边相；导线呈水平排列时，既可按上述原则搭接，也可按"逐步后退"的顺序搭接，见图 2-336。

图 2-336　引流线与主导线连接

B. 仅更换边相熔断器。

a. 斗内电工将绝缘斗调整至边相与中相熔断器前方适当位置，在边相与中间相之间加装隔离挡板，按照"从近到远、从下到上、先带电体后接地体"的遮蔽原则对作业范围内的所有带电体和接地体进行绝缘遮蔽。设置绝缘遮蔽应注意：

（a）设置导线遮蔽时，防止导线大幅度晃动引起相间短路，见图 2-337；

图 2-337　防止导线大幅晃动

（b）设置导线遮蔽时，注意人体与带电体、接地体安全距离，防止发生人身触电，见图 2-338；

图 2-338　注意安全距离

（c）设置绝缘遮蔽时，斗内两名电工严禁同时作业，见图 2-339。

图 2-339　禁止同时作业

b. 以最小范围打开绝缘遮蔽，拆除边相熔断器上桩头引线螺栓，调整绝缘斗位置后将断开的上引线端头可靠固定在同相上引线上，并迅速恢复绝缘遮蔽，见图 2-340。

图 2-340　拆除边相跌落式熔断器上桩头引线螺栓

c. 斗内电工拆除熔断器下桩头螺栓，更换边相熔断器，连接好下引线并恢复绝缘遮蔽，见图 2-341。

图 2-341　更换边相熔断器

d. 斗内电工将绝缘斗调整到边相上引线合适位置,打开绝缘遮蔽,将熔断器上桩头引线螺栓连接好，并迅速恢复边相绝缘遮蔽。

C. 仅更换中间相熔断器。

a. 斗内电工将绝缘斗调整至近边相与中相熔断器前方适当位置,在近边相与中间相之间加装隔离挡板，见图 2-342。

图 2-342　加装隔离挡板

b. 斗内电工将绝缘斗调整至远边相与中相熔断器前方适当位置，在远边相与中间相之间加装隔离挡板，见图2-343。

图2-343　加装隔离挡板

c. 按照"从近到远、从下到上、先带电体后接地体"的遮蔽原则对作业范围内的所有带电体和接地体进行绝缘遮蔽。设置绝缘遮蔽应注意：

（a）设置导线遮蔽时，防止导线大幅度晃动引起相间短路，见图2-344；

图2-344　防止导线大幅晃动

（b）设置导线遮蔽时，注意人体与带电体、接地体安全距离，防止发生人身触电，见图 2-345；

图 2-345　注意安全距离

（c）设置绝缘遮蔽时，斗内两名电工严禁同时作业，见图 2-346。

图 2-346　禁止同时作业

d. 以最小范围打开绝缘遮蔽，拆除中间相熔断器上桩头引线螺栓，调整绝缘斗位置后将断开的上引线端头可靠固定在同相上引线上，并迅速恢复绝缘遮蔽，见图 2-347。

图 2-347　拆除中间相熔断器上桩头引线螺栓

e. 斗内电工拆除熔断器下桩头螺栓，更换中相熔断器，连接好下引线并迅速恢复绝缘遮蔽，见图 2-348。

图 2-348　更换中相熔断器

f. 斗内电工将绝缘斗调整到中间相上引线合适位置，打开绝缘遮蔽，将熔断器上桩头引线螺栓连接好，并迅速恢复中间相绝缘遮蔽，见图 2-349。

图 2-349　连接引线螺栓

6）拆除绝缘遮蔽。按照"从远到近、从上到下、先接地体后带电体"的原则依次拆除绝缘遮蔽，绝缘斗退出有电区域，作业人员返回地面，见图 2-350。

图 2-350　拆除绝缘遮蔽

7）施工质量检查。

A. 工作负责人指挥斗内电工检查施工质量是否满足要求；

B. 工作负责人指挥斗内电工检查是否有遗留物。

（2）工作终结。

1）工作结束后工作负责人向工作许可人（停送电联系人）汇报工作结束，并办理工作票终结手续，停送电联系人向值班调控人员申请恢复线路重合闸，见图2-351。

图2-351　办理工作票终结手续

2）工作负责人组织作业人员清点工器具并清理施工现场，要求做到"工完、料尽、场地清"，见图2-352。

图2-352　清理施工现场

（3）召开班后会。

1）工作负责人对施工质量、安全措施落实情况、作业流程进行现场点评。

2）工作负责人对作业人员的熟练程度、规范性进行点评，见图2-353。

图2-353　现场点评

（4）资料整理。

1）工作负责人将工作票执行、终结等信息录入PMS或其他管理系统，见图2-354。

图2-354　工作票录入

2）工作负责人将纸质资料进行归档保管，需归档资料如下：

A. 工作票，见图2-355；

图2-355　工作票

B. 现场勘察记录，见图2-356；

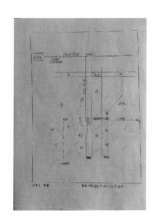

图2-356　现场勘查记录

C. 作业指导书，见图2-357。

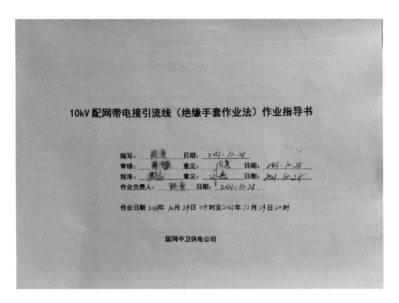

图 2-357 作业指导书

（5）工器具入库。作业结束后，作业人员需将工器具归还入库，并办理入库手续，见图 2-358。

图 2-358 工器具入库

第七节　带电更换直线杆绝缘子

一、作业基本信息

（1）人员组合。本项目需 4 人，具体分工见表 2-13。

表 2-13　　　　　　　人　员　组　合

人员分工	人数
工作负责人	1 人
斗内电工	2 人
地面电工	1 人

（2）作业方法：绝缘手套作业法。

（3）主要工器具配备，见表 2-14。

表 2-14　　　　　　　工　器　具　配　备

序号	工器具名称		参考图	规格、型号	数量	备注
1	特种车辆	绝缘斗臂车		10kV	1 辆	
2	绝缘防护用具	绝缘手套		10kV	2 双	戴防护手套

序号	工器具名称	参考图	规格、型号	数量	备注
3		绝缘安全帽	10kV	4 顶	
4	绝缘防护用具	绝缘披肩	10kV	2 套	
5		绝缘安全带	10kV	2 副	
6		导线绝缘罩	10kV	6 根	
7	绝缘遮蔽用具	绝缘毯	10kV	8 块	
8	绝缘工具	绝缘传递绳	ϕ12mm	1 根	15m

序号	工器具名称		参考图	规格、型号	数量	备注
9	绝缘工具	绝缘绳套			1根	
10	其他	绝缘电阻测试仪		2500V及以上	1套	
11		验电器		10kV	1套	

二、作业过程

（1）操作过程。

1）核验待接入绝缘子的试验报告及合格证

2）斗内电工进入工作斗。

A. 工作负责人对斗内作业人员穿戴进行检查，见图2-359。

图2-359 穿戴检查

B. 工作负责人对斗内作业人员安全带挂接情况进行检查，见图 2-360。

图 2-360　安全带挂接检查

C. 地面电工配合将工器具转移至绝缘斗内，注意事项见图 2-361。

| 绝缘毯用绝缘夹加以固定 | 工器具应放置在专用的工具袋（箱）内 | 斗内作业人员严禁踩踏绝缘工器具 |

图 2-361　注意事项

3）验电。

A. 验电注意事项。

a. 通过验电器自检按钮检查确认良好，见图 2-362；

图 2-362 验电器自检

b. 条件允许的情况下，在带电体的裸露部分验电确认验电器良好；

c. 将伸缩式验电器全部拉出，确保有效绝缘长度不小于 0.7m，见图 2-363。

图 2-363 有效绝缘长度不小于 0.7m

B. 验电内容。斗内电工调整至带电导线横担下侧适当位置，使用验电器按照"导线→绝缘子→横担"的顺序对带电体及接地体进行验电，确认有无漏电现象，见图2-364。

图2-364　验电

4）将验电结果向工作负责人进行汇报。若有漏电现象则及时报告工作负责人，终止工作；若无漏电现象则报告工作负责人，正常开展工作，见图2-365。

图2-365　汇报验电结果

5）带电更换直线杆绝缘子。

A. 斗内电工将绝缘斗调整至近边相导线外侧适当位置，按照"从近到远、从下到上、先带电体后接地体"的遮蔽原则对作业范围内的所有带电体和接地体进行绝缘遮蔽，其余两相遮蔽按相同方法依次进行。更换中间相绝缘子应将三相导线、横担及杆顶部分进行绝缘遮蔽。设置绝缘遮蔽应注意：

a. 设置导线遮蔽时，防止导线大幅度晃动引起相间短路，见图 2–366；

图 2–366　防止导线大幅晃动

b. 设置导线遮蔽时，注意人体与带电体、接地体安全距离，防止发生人身触电，见图 2–367；

c. 设置绝缘遮蔽时，斗内两名电工严禁同时作业，见图 2–368。

B. 斗内电工将导线遮蔽罩旋转，使开口朝上，将绝缘绳套套在导线遮蔽罩上，使用绝缘小吊钩勾住绝缘绳套，并确认可靠，见图 2–369。

图 2-367　注意安全距离

图 2-368　禁止同时作业

图 2-369　导线遮蔽罩开口向上

C. 取下绝缘子遮蔽罩，拆除绝缘子绑扎线（拆除过程中绑扎线尾线长度不大于 0.1m）。拆除绑扎线后，操作绝缘小吊臂起吊导线脱离绝缘子，提升高度应不小于 0.4m，搭接导线遮蔽罩，见图 2-370。

拆除绝缘子绑扎线　　　　　　提升高度应不小于 0.4m

图 2-370　拆除绝缘子绑扎线

D. 更换绝缘子后，迅速恢复绝缘子底部的绝缘遮蔽，见图 2-371。

图 2-371　更换绝缘子

E. 操作绝缘小吊臂，降落导线，将搭接在一起的导线遮蔽罩分开，将导线落下至绝缘子顶部线槽内，见图 2-372。

图 2-372　分开导线遮蔽罩

F. 使用绝缘子绑扎线将导线与绝缘子固定牢固，剪去多余的绑扎线，迅速恢复绝缘遮蔽。其余两相绝缘子按相同方法进行更换❶，见图 2-373。

图 2-373　绑扎导线

6）拆除绝缘遮蔽。按照"从远到近、从上到下、先接地体后带电体"的原则依次拆除绝缘遮蔽，绝缘斗退出有电区域，作业人员返回地面，见图 2-374。

---

❶　注意：绑扎线应盘成小盘，绑扎过程中注意与接地体及带电体的安全距离。

图 2-374　拆除绝缘遮蔽

7）施工质量检查。

A. 工作负责人指挥斗内电工检查施工质量是否满足要求；

B. 工作负责人指挥斗内电工检查是否有遗留物。

（2）工作终结。

1）工作结束后工作负责人向工作许可人（停送电联系人）汇报工作结束，并办理工作票终结手续，停送电联系人向值班调控人员申请恢复线路重合闸，见图 2-375。

图 2-375　办理工作票终结手续

2）工作负责人组织作业人员清点工器具并清理施工现场，要求做到"工完、料尽、场地清"，见图 2-376。

图 2-376　清理施工现场

（3）召开班后会。

1）工作负责人对施工质量、安全措施落实情况、作业流程进行现场点评。

2）工作负责人对作业人员的熟练程度、规范性进行点评，见图 2-377。

图 2-377　现场点评

（4）资料整理。

1）工作负责人将工作票执行、终结等信息录入 PMS 或其他管理系统，见图 2-378。

图 2-378 工作票录入

2）工作负责人将纸质资料进行归档保管，需归档资料如下：

A. 工作票，见图 2-379；

图 2-379 工作票

B. 现场勘察记录，见图 2-380；

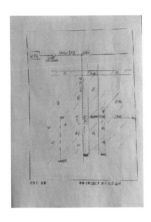

图 2-380　现场勘查记录

C. 作业指导书，见图 2-381。

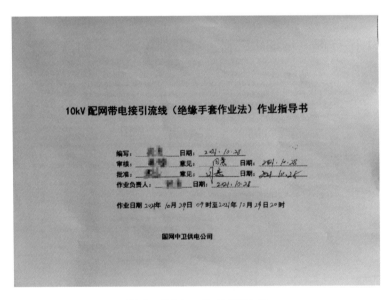

图 2-381　作业指导书

（5）工器具入库。作业结束后，作业人员需将工器具归还入库，并办理入库手续，见图 2-382。

图 2-382 工器具入库

第八节 带电更换直线杆绝缘子及横担

一、作业基本信息

（1）人员组合。本项目需 4 人，具体分工见表 2-15。

表 2-15   人 员 组 合

人员分工	人数
工作负责人（兼工作监护人）	1 人
斗内电工	2 人
地面电工	1 人

（2）作业方法：绝缘手套作业法。

（3）主要工器具配备，见表 2-16。

表 2-16 工 器 具 配 备

序号	工器具名称		参考图	规格、型号	数量	备注
1	特种车辆	绝缘斗臂车		10kV	1辆	
2	绝缘防护用具	绝缘手套		10kV	2双	戴防护手套
3		绝缘安全帽		10kV	4顶	
4		绝缘披肩		10kV	2套	
5		绝缘安全带		10kV	2副	
6	绝缘遮蔽用具	导线绝缘罩		10kV	6根	

序号	工器具名称		参考图	规格、型号	数量	备注
7	绝缘遮蔽用具	绝缘毯		10kV	8块	
8	绝缘工具	绝缘传递绳		φ12mm	1根	15m
9		绝缘横担		10kV	1副	
10		绝缘绳套			1根	
11	其他	绝缘电阻测试仪		2500V及以上	1套	
12		验电器		10kV	1套	

二、作业过程

（1）操作过程。

1）核验待接入绝缘子的试验报告及合格证

2）斗内电工进入工作斗

A. 工作负责人对斗内作业人员穿戴进行检查，见图 2−383。

图 2−383　穿戴检查

B. 工作负责人对斗内作业人员安全带挂接情况进行检查，见图 2−384。

图 2−384　安全带挂接检查

C. 地面电工配合将工器具转移至绝缘斗内，注意事项见图 2-385。

绝缘毯用绝缘夹加以固定

工器具应放置在专用的
工具袋（箱）内

斗内作业人员严禁踩踏
绝缘工器具

图 2-385　注意事项

3）验电。

A. 验电注意事项。

a. 通过验电器自检按钮检查确认良好，见图 2-386；

图 2-386　验电器自检

b. 条件允许的情况下，在带电体的裸露部分验电确认验电器良好；

c. 将伸缩式验电器全部拉出，确保有效绝缘长度不小于 0.7m，
见图 2-387。

图 2-387　有效绝缘长度不小于 0.7m

B. 验电内容。斗内电工调整至带电导线横担下侧适当位置，使用验电器按照"导线→绝缘子→横担"的顺序对带电体及接地体进行验电，确认有无漏电现象，见图 2-388。

图 2-388　验电

C. 将验电结果向工作负责人进行汇报。若有漏电现象则及时报告工作负责人，终止工作；若无漏电现象则报告工作负责人，正常开展工作，见图2-389。

图2-389 汇报验电结果

4）带电更换直线杆绝缘子及横担。

A. 斗内电工将绝缘斗调整至近边相导线外侧适当位置，按照"从近到远、从下到上、先带电体后接地体"的遮蔽原则对作业范围内的所有带电体和接地体进行绝缘遮蔽，其余两相遮蔽按相同方法进行。绝缘遮蔽按照"先近边相、后远边相、最后中间相"的顺序进行。设置绝缘遮蔽应注意：

a. 设置导线遮蔽时，防止导线大幅度晃动引起相间短路，见图2-390；

b. 设置导线遮蔽时，注意人体与带电体、接地体安全距离，防止发生人身触电，见图2-391；

c. 设置绝缘遮蔽时，斗内两名电工严禁同时作业，见图2-392。

图 2-390　防止导线大幅晃动

图 2-391　注意安全距离

图 2-392　禁止同时作业

B. 斗内电工互相配合，在电杆高出横担约 0.4m 的位置安装绝缘横担，见图 2-393。

图 2-393 安装绝缘横担

C. 斗内电工将绝缘斗调整到近边相外侧适当位置，使用绝缘斗小吊绳固定导线，收紧小吊绳，使其受力，见图 2-394。

图 2-394 导线受力

D. 斗内电工拆除绝缘子绑扎线，调整吊臂提升导线使近边相导线置于临时支撑横担上的固定槽内，然后扣好保险环。远边相按照相同方法进行，见图2-395。

图2-395　导线置于绝缘横担线槽内

E. 斗内电工互相配合拆除旧绝缘子及横担，安装新绝缘子及横担，并对新安装绝缘子及横担设置绝缘遮蔽，见图2-396。

图2-396　安装新绝缘子及横担

F. 斗内电工调整绝缘斗到远边相外侧适当位置，使用小吊绳将远边相导线缓缓放入已更换绝缘子顶槽内，使用绑扎线固定，恢复绝缘遮蔽。近边相按照相同方法进行，见图 2-397、图 2-398。

图 2-397 将导线放入绝缘子顶槽　　　　图 2-398 绑扎导线

G. 斗内电工互相配合拆除杆上临时支撑横担，见图 2-399。

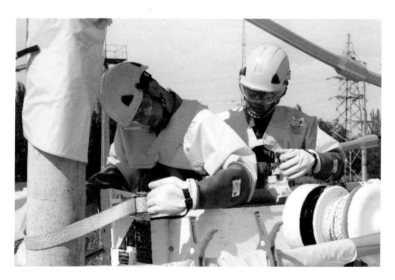

图 2-399 拆除临时支撑横担

5）拆除绝缘遮蔽。按照"从远到近、从上到下、先接地体后带电体"的原则依次拆除绝缘遮蔽，绝缘斗退出有电区域，作业人员返回地面，见图 2-400。

图 2-400　拆除绝缘遮蔽

6）施工质量检查。

A. 工作负责人指挥斗内电工检查施工质量是否满足要求；

B. 工作负责人指挥斗内电工检查是否有遗留物。

（2）工作终结。

1）工作结束后工作负责人向工作许可人（停送电联系人）汇报工作结束，并办理工作票终结手续，停送电联系人向值班调控人员申请恢复线路重合闸，见图 2-401。

图 2-401　办理工作票终结手续

2）工作负责人组织作业人员清点工器具并清理施工现场，要求做到"工完、料尽、场地清"，见图 2-402。

图 2-402 清理施工现场

（3）召开班后会。

1）工作负责人对施工质量、安全措施落实情况、作业流程进行现场点评。

2）工作负责人对作业人员的熟练程度、规范性进行点评，见图 2-403。

图 2-403 现场点评

（4）资料整理。

1）工作负责人将工作票执行、终结等信息录入 PMS 或其他管理系统，见图 2-404。

图 2-404　工作票录入

2）工作负责人将纸质资料进行归档保管，需归档资料如下：

A. 工作票，见图 2-405；

图 2-405　工作票

B. 现场勘察记录，见图 2-406；

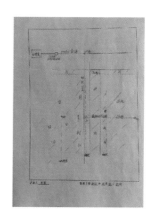

图 2-406　现场勘查记录

C. 作业指导书，见图 2-407。

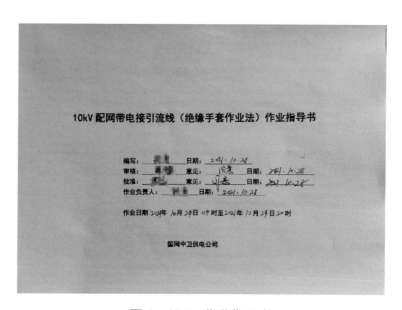

图 2-407　作业指导书

（5）工器具入库，见图 2-408。

图 2-408　工器具入库

第九节　带电更换耐张杆绝缘子串

一、作业基本信息

（1）人员组合。本项目需 4 人，具体分工见表 2-17。

表 2-17　　　　　　　人　员　组　合

人员分工	人数
工作负责人（兼工作监护人）	1 人
斗内电工	2 人
地面电工	1 人

（2）作业方法：绝缘手套作业法。

（3）主要工器具配备，见表 2-18。

表 2-18　　　　　　　工 器 具 配 备

序号	工器具名称		参考图	规格、型号	数量	备注
1	特种车辆	绝缘斗臂车		10kV	1 辆	
2	绝缘防护用具	绝缘手套		10kV	2 双	戴防护手套
3		绝缘安全帽		10kV	4 顶	
4		绝缘披肩		10kV	2 套	
5		绝缘安全带		10kV	2 副	

续表

序号	工器具名称		参考图	规格、型号	数量	备注
6		导线绝缘罩		10kV	6 根	
7	绝缘遮蔽用具	绝缘毯		10kV	8 块	
8		绝缘传递绳		φ12mm	1 根	15m
9	绝缘工具	绝缘紧线器		10kV	1 副	
10		绝缘绳套			1 根	
11	其他	卡线器			1 副	

续表

序号	工器具名称		参考图	规格、型号	数量	备注
12	其他	绝缘电阻测试仪		2500V及以上	1套	
13		验电器		10kV	1套	

二、作业过程

（1）操作过程。

1）核验待接入绝缘子串的试验报告及合格证。

2）斗内电工进入工作斗。

A. 工作负责人对斗内作业人员穿戴进行检查，见图2-409。

图 2-409　穿戴检查

B. 工作负责人对斗内作业人员安全带挂接情况进行检查，见图 2-410。

图 2-410　安全带挂接检查

C. 地面电工配合将工器具转移至绝缘斗内，注意事项见图 2-411。

绝缘毯用绝缘夹加以固定　　工器具应放置在专用的　　斗内作业人员严禁踩踏
　　　　　　　　　　　　　　工具袋（箱）内　　　　　绝缘工器具

图 2-411　注意事项

3）验电。

A. 验电注意事项。

a. 通过验电器自检按钮检查确认良好，见图 2-412。

图 2-412　验电器自检

b. 条件允许的情况下,在带电体的裸露部分验电确认验电器良好,见图 2-413。

图 2-413　裸露部分验电

c. 将伸缩式验电器全部拉出,确保有效绝缘长度不小于 0.7m,见图 2-414。

图 2-414 有效绝缘长度不小于 0.7m

B. 验电内容。斗内电工调整至带电导线横担下侧适当位置，使用验电器按照"导线→绝缘子→横担"的顺序对带电体及接地体进行验电，确认有无漏电现象，见图 2-415。

图 2-415 验电

C. 将验电结果向工作负责人进行汇报。若有漏电现象则及时报告工作负责人，终止工作；若无漏电现象则报告工作负责人，正常开展工作，见图 2-416。

图 2-416　汇报验电结果

4）带电更换耐张杆绝缘子串。

A. 斗内电工将绝缘斗调整至近边相导线外侧适当位置，按照"从近到远、从下到上、先带电体后接地体"的遮蔽原则对作业范围内的所有带电体和接地体进行绝缘遮蔽，其余两相遮蔽按相同方法进行。设置绝缘遮蔽应注意：

a. 设置导线遮蔽时，防止导线大幅度晃动引起相间短路，见图 2-417；

图 2-417　防止导线大幅晃动

b. 设置导线遮蔽时，注意人体与带电体、接地体安全距离，防止发生人身触电，见图 2-418；

图 2-418 注意安全距离

c. 设置绝缘遮蔽时，斗内两名电工严禁同时作业，见图 2-419。

图 2-419 禁止同时作业

B. 斗内电工将绝缘斗调整到近边相外侧适当位置，将绝缘绳套安装在耐张横担上，安装绝缘紧线器，在紧线器外侧加装后备保护绳及卡线器。注意：后备保护绳直接与卡线器及牢固构件连接，不得与绝缘紧线器连接，更不得使用绝缘紧线器绳套。见图 2-420、图 2-421。

图 2-420　安装绝缘紧线器

图 2-421　紧线器外侧加装后备保护绳及卡线器

C. 斗内电工收紧导线至耐张绝缘子松弛，并拉紧后备保护绝缘绳套，见图 2-422。

图 2-422　收紧导线

D. 斗内电工脱开耐张线夹与耐张绝缘子串之间的连接金具。恢复耐张线夹处的绝缘遮蔽措施，见图 2-423。

图 2-423　脱开连接金具并恢复绝缘遮蔽

E. 斗内电工拆除旧耐张绝缘子，安装新耐张绝缘子，并进行绝缘遮蔽，见图 2-424。

图 2-424　安装新耐张绝缘子

F. 斗内电工将耐张线夹与耐张绝缘子连接安装好,恢复绝缘遮蔽,见图 2-425。

图 2-425　连接安装耐张线夹

G. 斗内电工松开后备保护绝缘绳套并放松紧线器,使绝缘子受力后,拆下紧线器、卡线器、后备保护绳套及绝缘绳套,见图 2-426。

图 2-426　绝缘子受力

5）拆除绝缘遮蔽。按照"从远到近、从上到下、先接地体后带电体"的原则依次拆除绝缘遮蔽，绝缘斗退出有电区域，作业人员返回地面，见图 2-427。

图 2-427　拆除绝缘遮蔽

6）施工质量检查。

A. 工作负责人指挥斗内电工检查施工质量是否满足要求；

B. 工作负责人指挥斗内电工检查是否有遗留物。

（2）工作终结。

1）工作结束后工作负责人向工作许可人（停送电联系人）汇报工作结束，并办理工作票终结手续，停送电联系人向值班调控人员申请恢复线路重合闸，见图 2-428。

图 2-428　办理工作票终结手续

2）工作负责人组织作业人员清点工器具并清理施工现场，要求做到"工完、料尽、场地清"，见图 2-429。

图 2-429　清理施工现场

（3）召开班后会。

1）工作负责人对施工质量、安全措施落实情况、作业流程进行现场点评。

2）工作负责人对作业人员的熟练程度、规范性进行点评，见图 2-430。

图 2-430　现场点评

（4）资料整理。

1）工作负责人将工作票执行、终结等信息录入 PMS 或其他管理系统，见图 2-431。

图 2-431　工作票录入

2）工作负责人将纸质资料进行归档保管，需归档资料如下：

A. 工作票，见图 2-432；

图 2-432 工作票

B. 现场勘察记录，见图 2-433；

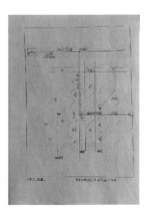

图 2-433 现场勘查记录

C. 作业指导书，见图 2-434。

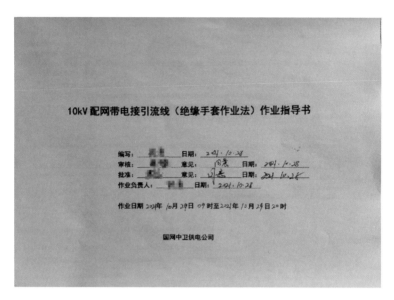

图 2-434　作业指导书

（5）工器具入库。作业结束后，作业人员需将工器具归还入库，并办理入库手续，见图 2-435。

图 2-435　工器具入库

第十节 带电更换柱上开关或隔离开关

一、作业基本信息

（1）人员组合。本项目需4人，具体分工见表2-19。

表2-19 人 员 组 合

人员分工	人数
工作负责人（兼工作监护人）	1人
斗内电工	2人
地面电工	1人

（2）作业方法：绝缘手套作业法。

（3）主要工器具配备，见表2-20。

表2-20 工 器 具 配 备

序号	工器具名称		参考图	规格、型号	数量	备注
1	特种车辆	绝缘斗臂车		10kV	1辆	
2	绝缘防护用具	绝缘手套		10kV	2双	戴防护手套

续表

序号	工器具名称		参考图	规格、型号	数量	备注
3	绝缘防护用具	绝缘安全帽		10kV	4 顶	
4		绝缘披肩		10kV	2 套	
5		绝缘安全带		10kV	2 副	
6	绝缘遮蔽用具	导线遮蔽罩		10kV	12 个	
7		引线遮蔽罩		10kV	6 个	
8		绝缘毯		10kV	20 块	
9	绝缘工具	绝缘传递绳		ϕ12mm	2 根	15m

续表

序号	工器具名称		参考图	规格、型号	数量	备注
10	绝缘工具	绝缘绳		φ14mm	1 套	1.0m×4,吊开关用
11		绝缘绳套		10kV	6 根	1.0m
12	其他	绝缘电阻测试仪		2500V	1 套	
13		验电器		10kV	1 套	
14		电动扳手		—	2 副	

（4）注意事项。

1）检查待更换隔离开关是否拉开。

若待更换隔离开关已拉开，则报告工作负责人，正常开展工作；

若待更换隔离开关未拉开，则需报告工作负责人，并终止工作。

2）检查待更换柱上开关自动控制箱内电源是否已关闭，相关自动（保护）功能是否已退出。

若待更换柱上开关自动控制箱内电源已关闭，相关自动功能已退出，则报告工作负责人，正常开展工作；若待更换柱上开关自动控制箱内电源未关闭，相关自动功能未退出，则需报告工作负责人，并终止工作。

二、作业过程

（1）操作过程。

1）核验待接入柱上开关或隔离开关的试验报告及合格证。

2）工作负责人确认柱上开关或隔离开关处于在分状态。

3）斗内电工进入工作斗。

A. 工作负责人对斗内作业人员穿戴进行检查，见图2-436。

图 2-436 穿戴检查

B. 工作负责人对斗内作业人员安全带挂接情况进行检查，见图 2-437。

图 2-437 安全带挂接检查

C. 地面电工配合将工器具转移至绝缘斗内，注意事项见图 2-438。

| 绝缘毯用绝缘夹加以固定 | 工器具应放置在专用的工具袋（箱）内 | 斗内作业人员严禁踩踏绝缘工器具 |

图 2-438 注意事项

4）验电。

A. 验电注意事项。

a. 通过验电器自检按钮检查确认良好，见图 2-439；

图 2-439　验电器自检

b. 条件允许的情况下，在带电体的裸露部分验电确认验电器良好；

c. 将伸缩式验电器全部拉出，确保有效绝缘长度不小于 0.7m，见图 2-440。

图 2-440　有效绝缘长度不小于 0.7m

B. 验电内容。斗内电工调整至带电导线横担下侧适当位置，使用验电器按照"导线→绝缘子→横担"的顺序对带电体及接地体进行验电，确认有无漏电现象，见图2-441。

图2-441　验电

C. 将验电结果向工作负责人进行汇报。若有漏电现象则及时报告工作负责人，终止工作；若无漏电现象则报告工作负责人，正常开展工作，见图2-442。

图2-442　汇报验电结果

5）带电更换柱上开关或隔离开关。

A. 隔离开关。

a. 斗内电工调整绝缘斗至隔离开关电源侧适当位置，按照"由近及远、由低至高"的顺序将隔离开关电源侧引线从主导线上拆开，并妥善固定，恢复主导线处绝缘遮蔽措施。

b. 斗内电工调整绝缘斗至隔离开关负荷侧适当位置，按照"由近及远、由低至高"的顺序将隔离开关负荷侧引线从主导线上拆开，并妥善固定，恢复主导线处绝缘遮蔽措施。

c. 斗内电工拆除隔离开关与两侧引线的连接，妥善固定引线。

d. 更换隔离开关。

e. 斗内电工完成隔离开关与两侧引线的安装，妥善固定两侧引线。

f. 斗内电工按照"先难后易、先上后下"的顺序将负荷侧引线接至主导线上，及时恢复绝缘遮蔽；隔离开关电源侧引线按照相同方法搭接。

B. 柱上开关。

a. 斗内电工调整绝缘斗至柱上开关电源侧适当位置，按照"由近及远、由低至高"的顺序将柱上开关电源侧引线妥善固定，并从主导线上拆开，恢复主导线处绝缘遮蔽措施，见图2-443、图2-444。

图2-443　固定开关引线

图2-444　拆除开关引线

b. 斗内电工调整绝缘斗至柱上开关负荷侧适当位置，按照"由近及远、由低至高"的顺序将柱上开关负荷侧引线妥善固定，并从主导线上拆开，恢复主导线处绝缘遮蔽措施。

c. 斗内电工拆除柱上开关与两侧引线的连接，妥善收回引线，见图2-445。

图2-445 开关已拆除连接

d. 斗内电工调整绝缘斗至柱上开关上方适当位置，使用绝缘吊臂缓慢放下绝缘吊绳至柱上开关上方，见图2-446。

图2-446 放下绝缘吊绳

e. 杆上电工登杆至柱上开关位置安装开关吊绳，示意斗内电工收紧绝缘吊绳，使绝缘吊绳受力，见图 2-447。

图 2-447　开关已安装吊绳

f. 杆上电工拆除柱上开关固定螺栓及接地连接，使柱上开关脱离固定支架，见图 2-448。

图 2-448　柱上开关脱离固定支架

g. 斗内电工操作绝缘吊臂缓慢将柱上开关放至地面，见图 2-449。

图 2-449　将柱上开关放至地面

h. 斗内电工与杆上电工相互配合将新的柱上开关安装至固定支架，恢复接地连接，见图 2-450。

图 2-450　安装新柱上开关至固定支架

i. 斗内电工完成柱上开关两侧引线与开关本体的安装，妥善固定两侧引线，恢复柱上开关两侧引线绝缘遮蔽，见图 2-451。

图 2-451　恢复柱上开关两侧引线及绝缘遮蔽

j. 斗内电工按照"先难后易、先上后下"的顺序将负荷侧引线接至主导线上，及时恢复绝缘遮蔽；柱上开关电源侧引线按照相同方法搭接，见图 2-452。

图 2-452　逐步恢复开关两侧引线

6）拆除绝缘遮蔽。按照"从远到近、从上到下、先接地体后带电体"的原则依次拆除绝缘遮蔽，绝缘斗退出有电区域，作业人员返回地面，见图2-453。

图2-453　拆除绝缘遮蔽

7）施工质量检查。

A. 工作负责人指挥斗内电工检查施工质量是否满足要求；

B. 工作负责人指挥斗内电工检查是否有遗留物。

（2）工作终结。

1）工作结束后工作负责人向工作许可人（停送电联系人）汇报工作结束，并办理工作票终结手续，停送电联系人向值班调控人员申请恢复线路重合闸，见图2-454。

2）工作负责人组织作业人员清点工器具并清理施工现场，要求做到"工完、料尽、场地清"，见图2-455。

图 2-454　办理工作票终结手续

图 2-455　清理施工现场

（3）召开班后会。

1）工作负责人对施工质量、安全措施落实情况、作业流程进行现场点评。

2）工作负责人对作业人员的熟练程度、规范性进行点评，见图2-456。

图2-456 现场点评

（4）资料整理。

1）工作负责人将工作票执行、终结等信息录入 PMS 或其他管理系统，见图2-457。

图2-457 工作票录入

2）工作负责人将纸质资料进行归档保管，需归档资料如下：

A. 工作票，见图2-458；

图2-458　工作票

B. 现场勘察记录，见图2-459；

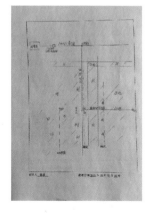

图2-459　现场勘查记录

C. 作业指导书，见图 2-460。

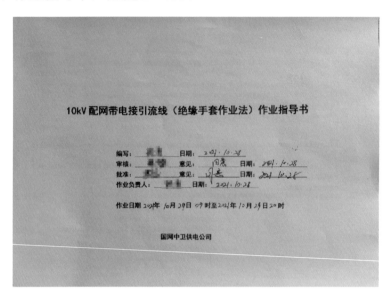

图 2-460　作业指导书

（5）工器具入库。作业结束后，作业人员需将工器具归还入库，并办理入库手续，见图 2-461。

图 2-461　工器具入库